U0193433

a）原始图片

b）解释为电吉他的原因

c）解释为木吉他的原因

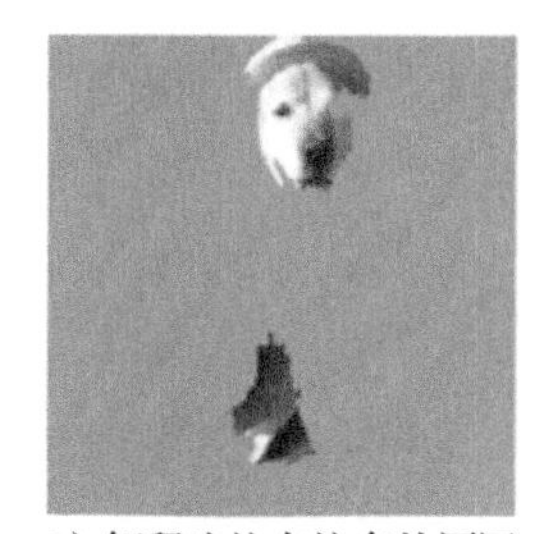

d）解释为拉布拉多的原因

图 2-2 事后解释（来源：论文“"Why Should I Trust You?" — Explaining the Predictions of Any Classifier”）

a）哈士奇识别为狼的图片

b）解释识别的原因

图 2-4　高精度模型训练时找到正确的相关性（来源：论文“"Why Should I Trust You?"—Explaining the Predictions of Any Classifier”）

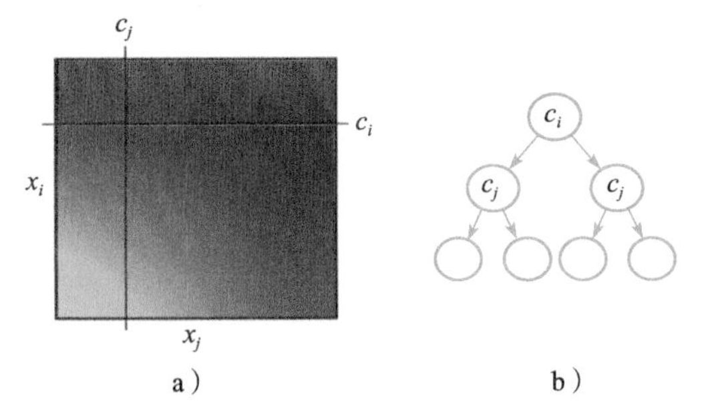

图 3-5　十字切分图（来源：https://www.microsoft.com/en-us/research/publication/accurate-intelligible-models-pairwise-interactions/）

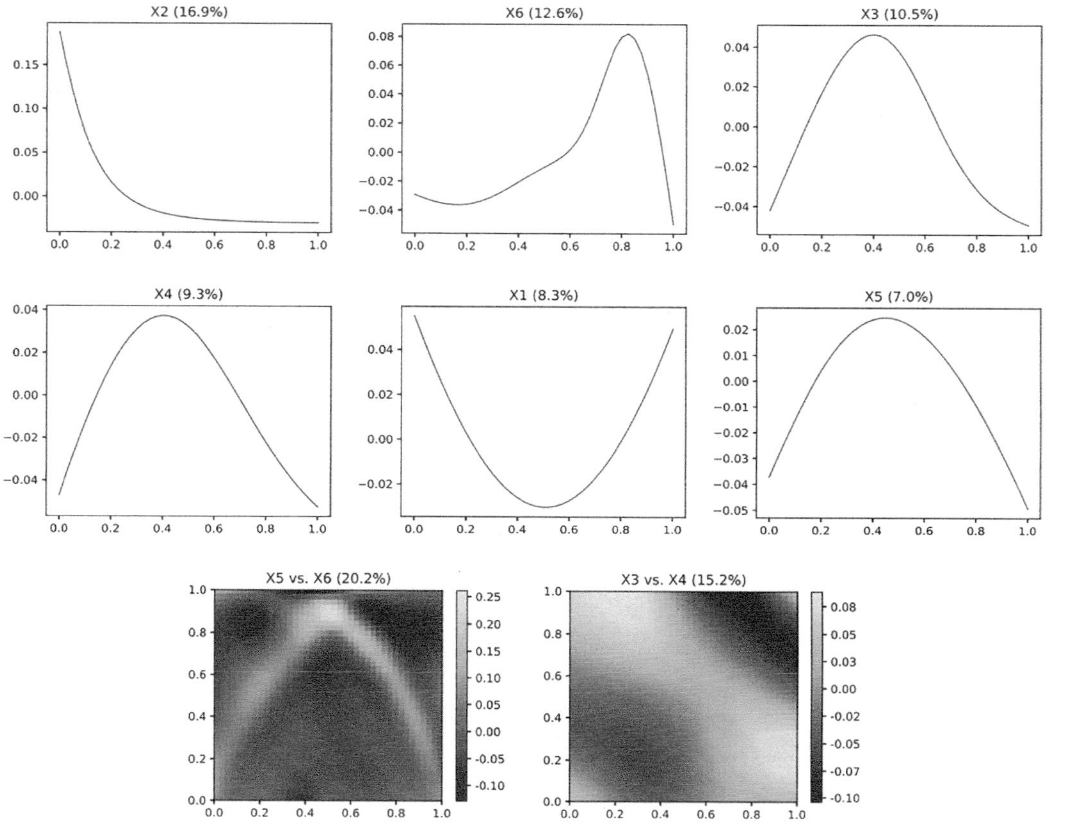

图 3-13　GAMI-Net 特征和交互项效应与响应变量之间的变化关系图

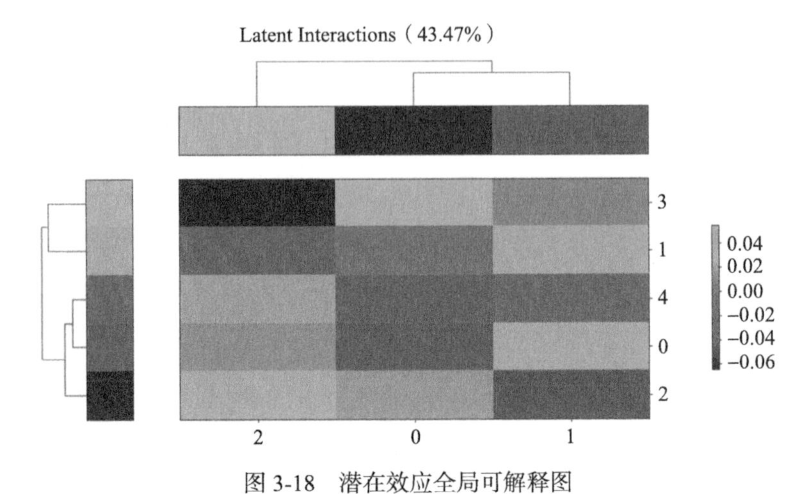

图 3-18　潜在效应全局可解释图

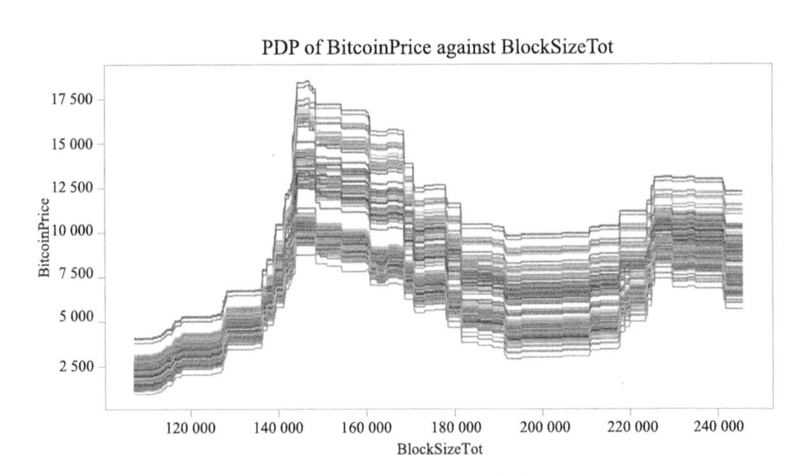

图 4-2　ICE 图案例展示

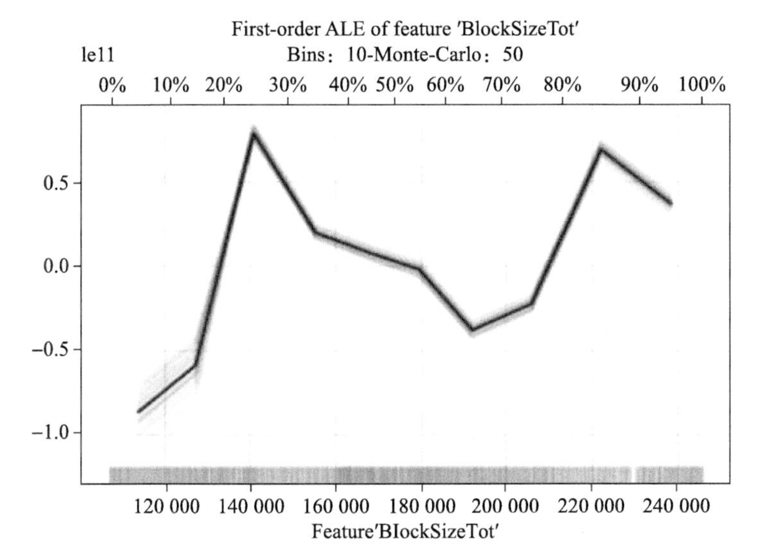

图 4-3　ALE 针对单个变量的解释结果

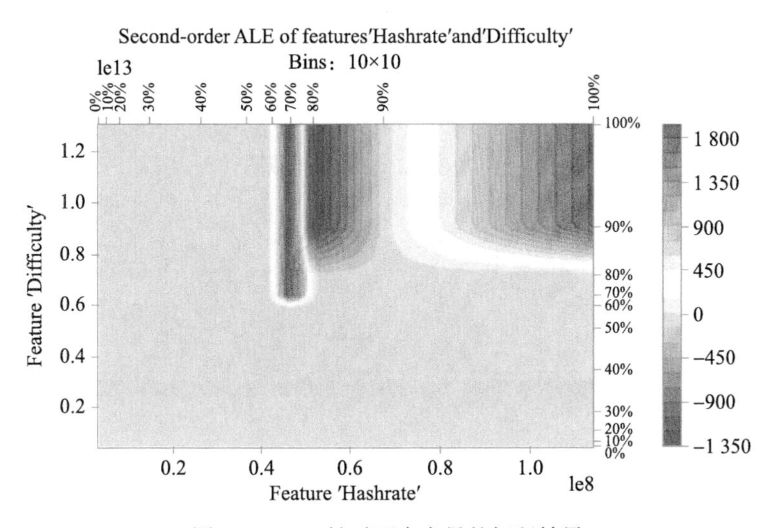

图 4-4　ALE 针对两个变量的解释结果

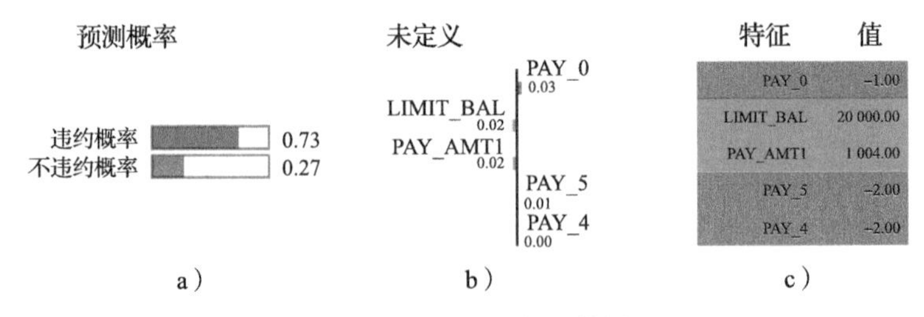

图 4-5 LIME 的解释结果

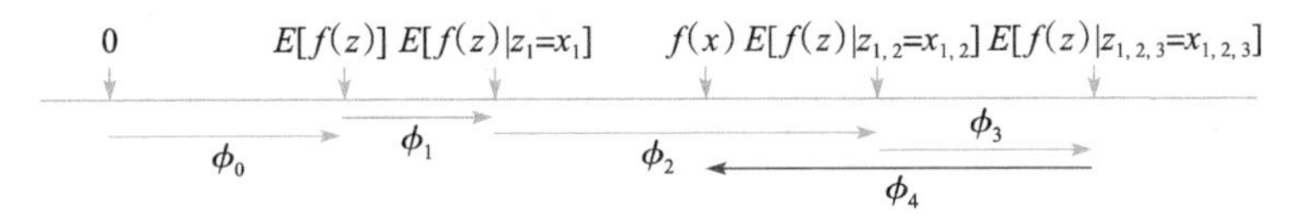

图 4-7 SHAP 的展示图

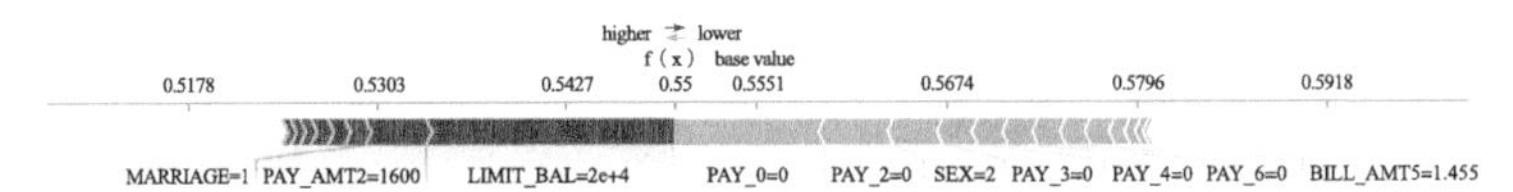

图 4-8 SHAP 的局部解释图

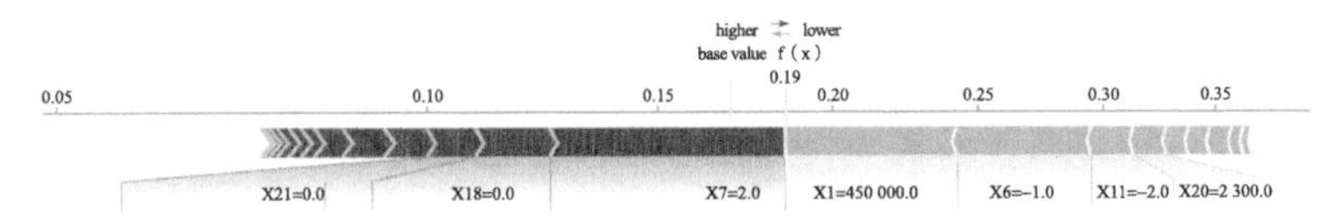

图 5-2 SHAP 对单个样本预测结果的归因解释图

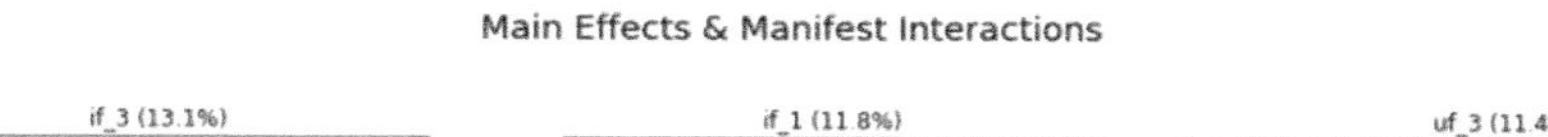

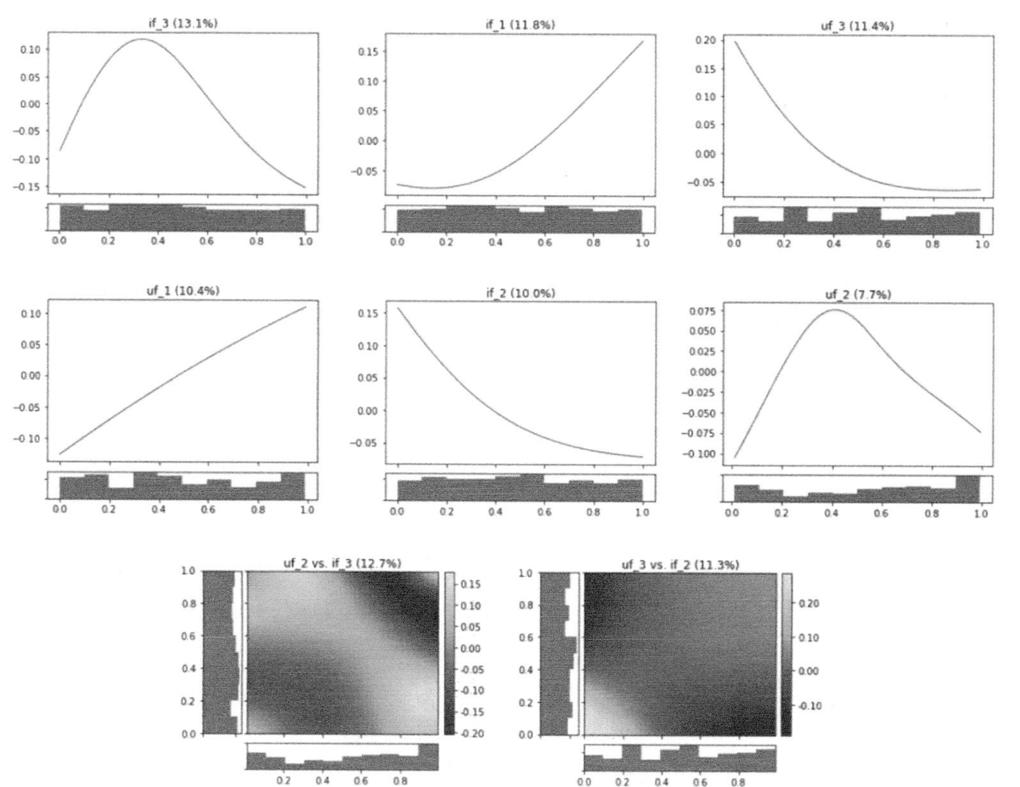

图 7-2　显式效应全局可解释图

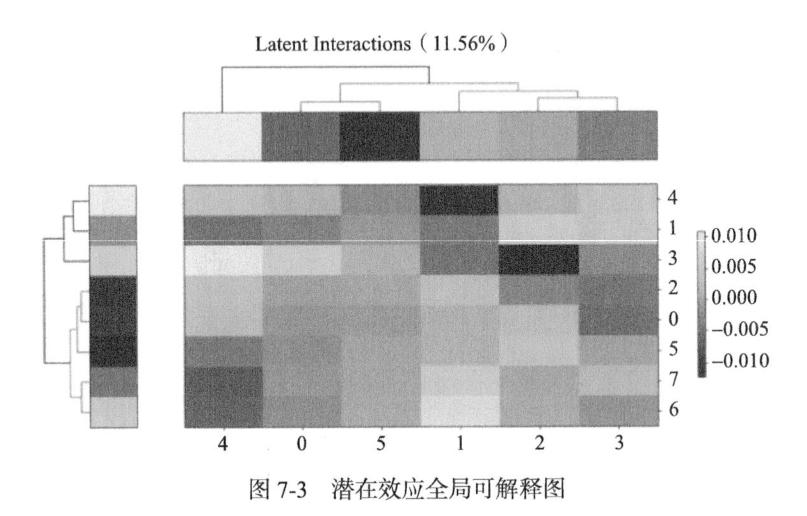

图 7-3　潜在效应全局可解释图

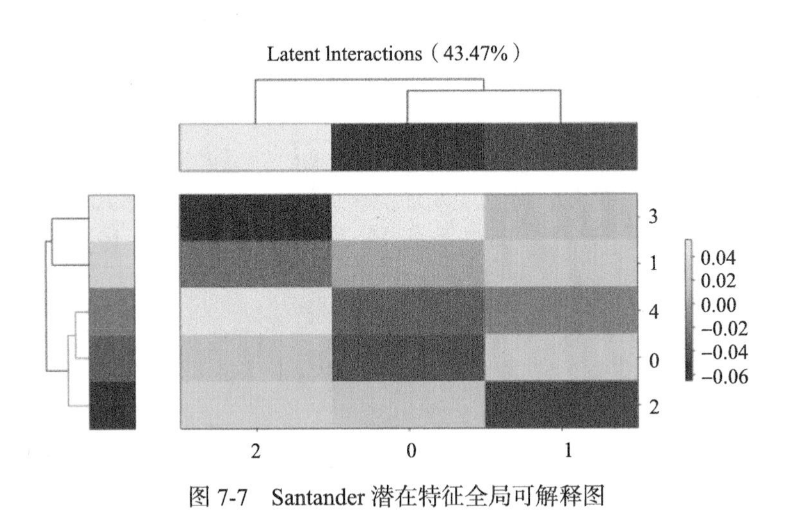

图 7-7　Santander 潜在特征全局可解释图

可解释机器学习

模型、方法与实践

邵平 杨健颖 苏思达 何悦 苏钰 著
索信达控股

INTERPRETABLE MACHINE LEARNING

modles, methods and practices

图书在版编目（CIP）数据

可解释机器学习：模型、方法与实践 / 索信达控股等著. -- 北京：机械工业出版社，2022.1（2023.1 重印）
ISBN 978-7-111-69571-4

I. ①可… II. ①索… III. ①机器学习 - 分析方法 - 研究 IV. ① TP181-34

中国版本图书馆 CIP 数据核字（2021）第 231476 号

可解释机器学习：模型、方法与实践

出版发行：机械工业出版社（北京市西城区百万庄大街 22 号 邮政编码：100037）
责任编辑：杨绣国
责任校对：马荣敏
印　　刷：固安县铭成印刷有限公司
版　　次：2023 年 1 月第 1 版第 3 次印刷
开　　本：147mm×210mm 1/32
印　　张：7　　插　页：4
书　　号：ISBN 978-7-111-69571-4
定　　价：79.00 元

客服电话：（010）88361066 68326294

Preface 前　言

为什么要写这本书

2018 年，索信达正式成立金融 AI 实验室，开始研究和探索人工智能技术在金融行业中的应用。在与学术界领先学者合作和交流的过程中，我们开始接触可解释机器学习。通过数年的研究和实践，我们发现可解释机器学习恰好能够弥补当下人工智能技术在金融业应用中的不足。现今，深度学习、集成学习等复杂机器学习算法大行其道，银行里的营销模型、风控模型几乎全都顺应了这个大的技术潮流，虽然模型的精准性已有了较大的提升，但是业务应用风险却如影相随，模型的黑盒属性导致模型结果在业务应用上不具备清晰的逻辑和可解释性。模型是否存在偏见，何时适用，该如何使用？很多问题都是模糊不清的。

对于金融等风险控制严格的领域，如果要应用黑盒模型，我们必须慎之又慎。索信达作为一家深耕金融领域数据解决方案的提供商，一直都在致力于追求对行业问题保持前瞻性的洞察力，这也是金融人工智能实验室成立的初衷和意义所在。可解释机器学习在学术界尚属新兴事物，在国内金融领域的应用更是寥寥无几，知者甚少，但是可解释机器学习对于金融业规范、合理、安全地使用人工智能技术的价值和意义却是非凡的。2021年初，中国人民银行正式出台《人工智能算法金融应用评价规范》，这说明国家监管部门和行业专家已经意识到人工智能算法在金融领域中的应用存在乱象和潜在风险，并对此提出了严格的评价规范。在这个评价标准下，对于未来人工智能技术在金融领域的应用，可解释机器学习无疑会是大势所趋。索信达正好站在了引领潮流的当口，有过可解释机器学习在银行业的成功实践。例如，在客户流失预警问题的场景中，我们创造性地运用可解释机器学习，真正做到了对单个客户流失原因的归因，大大提升了潜在流失客户的挽留率。在促活营销场景中，利用可解释机器学习输出的客户名单的营销转化率提升了3倍。取得这些令人兴奋的成果之后，我们想要让整个金融业意识到可解释机器学习的价值的使命感油然而生，于是便有了写作这本书的动机，希望将这几年在可解释机器学习方面的研究，以及将其应用在银行业的实践经验分享给大家，更希望人工智能技术能够持续助力金融业健康繁荣发展。作为一家金融科技公司，索信达也希望能够为行业的发展贡献自己的一份力量！

读者对象

- 金融机构、银行、金融科技公司等数据技术相关岗位从业者。
- 人工智能、机器学习、数据挖掘相关技术岗位从业者。
- 人工智能、机器学习、大数据相关专业的院校研究生、本科生。

如何阅读本书

本书共分为三大部分，具体内容结构如下。

第一部分为背景(第 1～2 章)。由于可解释机器学习在业内属于新兴知识，因此本部分用两章的篇幅，以各种生动的例子，阐述可解释机器学习的背景和重要性，帮助读者建立对可解释机器学习的初步印象。

第二部分为理论(第 3～4 章)。本部分主要按照可解释机器学习已有的分类，从内在可解释和事后可解释两个方面来介绍本领域的常见模型，其中既包括传统的统计学模型，又包括学术界新提出来的一些模型。本部分内容可以让读者对目前已存在的各种可解释机器学习算法有一个详细的了解，并且能够让读者参照示例代码自己动手实践。

第三部分为实例(第 5～7 章)。本部分主要以案例的形式，重点介绍可解释机器学习在银行的营销、风控和推荐系统等业务领域的应用，以帮助读者进一步理解可解释机器学习如何解决银行业实际遇到的问题。

勘误和支持

由于作者的水平有限，写作的时间比较紧张，书中难免会出现一些错误或者不准确的地方，如有发现，恳请大家批评指正。如果大家有建议或意见，欢迎发送邮件至邮箱 shaop@datamargin. com，很期待听到大家的真挚反馈。

致谢

首先要特别感谢香港大学张爱军博士团队，他让我们看到了可解释机器学习的价值，他们为我们指明了研究的方向和路线，对标国际领先的研究团队，让我们对可解释机器学习领域的研究能够快速步入正轨。在理论研究阶段，张爱军博士给予了我们极其耐心、细致的指导，让我们的技术水平有了日新月异的突破和提升。

感谢索信达金融 AI 实验室参与写作的小伙伴们：苏思达、杨健颖、何悦、苏钰、孙兆悦、董弋嵩。感谢他们坚持不懈、永不放弃的精神，以及克服巨大挑战的勇气。我们要做的研究和写作对于每个人来说都是全新的，虽然最初没有经验，也没有太多写作材料，困难重重，但是大家还是克服一切困难坚持了下来。这种坚持不懈和全心投入是我们最珍贵的收获。

感谢索信达华南服务二部李冉冉、何超、李震、邹美灵团队的大力帮助，感谢他们为我们提供了非常难得的银行实际业务的真实场景，并且协助我们顺利完成技术实施。没有他们的帮助，就没有这些宝贵的案例材料。

最后要感谢索信达市场部的蒋顺利老师和机械工业出版社的编辑杨绣国老师在本书出版过程中提供的大力支持。

谨以此书，献给金融机构、金融科技公司的人工智能技术从业者，以及数据挖掘、数据分析等相关技术爱好者。

邵平

索信达控股 AI 实验室总监

Contents 目　　录

第二部分 理论

第三部分　实例

第一部分 Part 1

背景

Chapter 1 第1章

引　言

可解释机器学习（Interpretable Machine Learning，IML）是目前甚至未来几年机器学习研究的热门领域，其研究目的是解决机器学习模型的可解释性问题，让机器学习模型能够更广泛地应用于各行各业。本章将讲述可解释机器学习的研究背景，介绍黑盒模型存在的问题和风险，通过一些小故事让读者了解问题的严重性。特别是在银行业领域，法律和监管机构对机器学习模型的应用提出了更高的要求，模型的稳定性、安全性、公平性等都是影响模型投入使用的重要因素。在以上背景下，科学家们提出了对模型可解释性的研究，而关于可解释性的具体定义及其性质等内容，将在第2章中讲述。

1.1 可解释机器学习研究背景

1.1.1 机器学习面临的挑战

近年来，随着大数据产业的蓬勃发展，围绕人工智能技术的机器学习算法也悄然发生着一些方向上的转变，越来越多行业的决策系统都开始青睐使用深度学习模型和集成学习模型。相比于传统的统计学模型、经典的机器学习模型，深度学习模型和集成学习模型可以更好地发挥大数据的优势，模型的准确性能够实现飞跃式的提升。2012 年由 Hinton 和他的学生 Alex Krizhevsky 设计的深度卷积神经网络模型 AlexNet 曾经多次成为 ImageNet 大规模视觉识别竞赛的优胜算法，此后，2013 年的 ZFNet、2014 年的 VGGNet、GoogLeNet 和 2015 年的 ResNet 在计算机视觉识别领域都取得了瞩目的成绩。

2016 年 3 月，基于深度学习算法的阿尔法围棋(AlphaGo)，以 4∶1 的总比分战胜围棋世界冠军李世石，深度学习算法从此一战成名，成为机器学习领域备受推崇的明星算法，在计算机视觉，语音识别，自然语言处理、生物信息学等领域都取得了极好的应用成果。

虽然深度学习模型、集成学习模型(比如 XGBoost、LightGBM 等)在很多领域都取得了很好的成果，但是这类模型有一个共同的特点就是：内部结构非常复杂，其运作机制就像一个黑盒子一样，难以用人类可以理解的语言去描述，模型输出结果也难以被解释，使得其在一些有关生命安全或重要决策领域的应用受到巨大挑战。比如在银行业，2019 年 2 月，波兰政府增加了一项银行法修正案，该修正案赋予了客户在遇到负面信用决策时可获得解释的权利。这是 GDPR(《通用数据保护条例》，General Data Protection Regulation)在欧盟实施的直接影响之一。这意味着如果决策过程是自动的，那么银行需要能够向客户解释为什么不批准贷款。2018 年 10 月，“亚马逊人工智能招聘工具偏向男性”的报道登上了全球的头条新闻。亚马逊的模型是基于有偏见的数据进行训练的，这些数据偏向于男性应聘者。该模型构建了不利于含有“Women's”一词的简历的规则。

以上问题的提出，表明业界对模型的应用要求，已经不只是停留在准确性层面，模型结果能否解释，模型是否安全、公正、透明等也是机器学习面临的新挑战。

1.1.2 黑盒模型存在的问题

在实际应用中，黑盒模型为什么难以一步到位解决所有问题呢？在回答这个问题之前，我们先来看几个银行业的小故事。

1）小杨是某银行的一名理财客户经理，年关将至，马上就要业绩考核了，但其业绩离既定的销售目标还有一定的距离，于是他决定使用一个机器学习模型，判断他所负责的客户名单中哪些人更有可能会购买基金产品。花了一周时间编写代码和做特征工程，小杨顺利地运行了一个XGBoost（Extreme Gradient Boosting，梯度提升）模型，模型的AUC（Area Under Curve，ROC曲线下与坐标轴围成的面积）达到了0.86，结果非常理想，他便高兴地拿着模型预测的名单逐个进行电话营销。结果在几百通电话之后，最终只有一两个客户购买了基金产品，小杨落寞地对着自己的代码陷入了沉思。

2）小苏是某银行的风控专员，最近银行新开通的信用卡遇到了严重的逾期还款问题，银行决定对旧的评分模型进行调整优化，以防止发生更多的违约情况。于是他用新的训练数据对模型进行了更新，并对一些特征重新进行了分箱处理，最终将新模型部署上线。然而没过多久，银行便开始接到不同的投诉电话：“为什么我已经提供了齐全的资料，征信也没问题，但是我的信用卡审批就是通不过呢？”“我提交的资料信息与我同事的资料信息是相近的，为什么他的额度比我的高那么多?”……面对申请人接二连三的质疑，小苏一时半会儿也没法回答，面对这个黑盒模型运行所得的评分模型，他正绞尽脑汁地对模型进行剖析。

3）小何是一位典型的“吃货”，尤其喜爱喝珍珠奶茶，几乎每餐之后都会到手机银行App上浏览附近的奶茶店。最近她婚期将至，看着自己的体重还在持续增长，于是下定决心减肥，并办了一张健身房的年卡，并且每餐也以沙拉等轻食为主，杜绝珍珠奶茶等高糖分的摄入。令她烦恼的是，每次吃完饭用手机银行App结账的时候，App总会向她推荐附近的奶茶店。为了避免因禁不住诱惑而导致减肥前功尽弃，小何毅然决定卸载该手机银行的App。

由于黑盒模型内部结构的复杂性，模型使用者往往无法得知数据进入模型之后，是如何得到预测结果的，这就好像变魔术一样，魔术师从黑盒里变出不同的物品，观众却不明所以。对于决策者，尤其是对于高风险领域(比如自动驾驶、金融领域、医疗行业等)的决策者，在不清楚黑盒模型运作原理的情况下，是不敢仅凭模型的预测结果就轻易做出决策的。虽然人工智能和机器学习技术大大提升了人类生活和工作的效率，在很多领域，人工智能都在发挥着巨大的作用。但不可忽视的是，人工智能、机器学习中的模型黑盒问题，也同样需要引起我们的重视，值得我们深入思考。模型黑盒问题具体包括如下三点。

(1) 无法挖掘因果关系问题或因果错判问题

我们在使用机器学习模型时，不仅希望模型能够给出正确的预测结果(尤其是在医学、金融、自动驾驶等高风险领域)，还希望模型能够为我们提供判断依据。黑盒模型内部结构复杂，使用黑盒模型做预测时，我们会根据一些模型的评价指标(如AUC)去评估模型的好坏，但即使AUC很高，我们也依然不清楚黑盒模型的判断依据是否正确。如果模型无法给出合理的因果关系，那么模型的结果也将很难使人信服。

微软著名研究院的 Caruana 曾在论文[⊖]中提到过一个医学上的例子：在一个关于肺炎风险的数据集中，我们想要预测不同肺炎病人的死亡概率，从而更好地治疗高风险的肺炎病人。最准确的模型是神经网络，AUC 达到 0.86，但是当我们使用基于规则的模型时，模型学习到了“如果病人带有哮喘，那么他属于低风险人群”。也就是说，带有哮喘的肺炎患者的死亡率比其他肺炎患者要低。这个结论看起来模棱两可，违背了我们的客观认知，但深入挖掘下去，我们便会发现其中的逻辑关系：有哮喘病史的肺炎患者，由于病情的严重性，会得到更进一步的治疗，治疗的效果通常也会很好，从而降低了这类患者的死亡率。如果我们直接使用属于黑盒模型的神经网络模型，那么模型由于无法推导出这样的因果关系，从而将带有哮喘的肺炎病人判断为低死亡率(低风险)人群，这类人群便有可能错过最佳治疗时间，实际上他们需要得到更好的治疗。

(2) 黑盒模型的不安全性问题

黑盒模型的不安全性问题可以分为两大类，具体说明如下。

一是对于建模人员来说，黑盒模型内部结构复杂，当模型受到外界攻击时，我们通常很难发现这些攻击。倘若黑客在原始模型的输入样本中添加了一些扰动(通常称为对抗样本)，那么模型很有可能会产生错判，建模人员如果无法及时调整模型，就会导致非常严重的后果。例如，将黑盒模型应用于自动驾驶时，如果黑客向轮胎的图像样本中加入一些扰动，则可能

⊖ Caruana R, Lou Y, Gehrke J, et al. Intelligible Models for HealthCare: Predicting Pneumonia Risk and Hospital 30-day Readmission[C]//ACM, 2015.

会导致轮胎的识别错误，从而造成严重的车祸问题。如果建模人员在建模时未发现模型存在这样的问题，那么在模型投入实际应用时，行车的安全系数将会大大降低。

二是对于模型的使用者来说，他们并不了解模型的运作机制，只是利用模型的结果作出决策。当我们拿到一个新工具时，我们不仅需要知道如何正确地操作该工具，还需要了解使用该工具时的注意事项、存在哪些风险点，正如医生向病人提供治疗的药物时，除了用量和服用方式之外，药物说明书上还会写明不良反应、禁忌和注意事项等，病人了解这些信息后才能安心服药。黑盒模型无法解释模型的结果，结果通常是以概率或评分的形式给出，使用者对模型结果的风险点却少有了解，这就好比病人不了解药物的不良反应一样。如果有人使用欺诈或伪造的方式，提升自己在黑盒模型中的评分，使用者很难从黑盒模型的结果中发现异常，这就会造成模型结果在使用中存在不安全性的问题。

(3) 黑盒模型可能存在偏见问题

偏见是指对某类人群带有主观意识情感，就人论事，如性别歧视、种族歧视等都是常见的偏见问题。黑盒模型存在偏见问题，表面上好像是在说黑盒模型能够反映人类的思想，实际上是指黑盒模型在做预测时，放大了数据收集过程中可能存在的数据不平衡性问题，导致模型最终得出具有偏见性的结果。比如在美国广泛使用的 COMPAS 算法，该算法通过预测罪犯再次犯罪的可能性来指导判刑，根据美国新闻机构的报道，COMPAS 算法存在明显的偏见，根据分析，该系统预测黑人被告再次犯罪的风险要远远高于白人，甚至达到了后者的两倍。从算法的结果来分析，黑人的预测风险要高于实际风险，黑人被误判的几率是白人的 2 倍多，也就是说，COMPAS 算法对黑人是很不公平的，该算法的应用已经严重影响到了判决的公正和公平。有些模型的算法还会涉及性别歧视、年龄歧视等问题。由于黑盒模型缺乏内在解释性，进行模型训练时又难免会使用不均衡的样本数据，因此使用这样的模型，问题严重时可能会引发一系列的社会问题。同样的道理，在金融领域，当我们做风险评估时，黑盒模型可能会对不同性别、地域、年龄等特征进行不同的处理。综上所述，如何避免模型做出带有偏见性的预测，是值得我们关注的问题。

1.2 模型可解释性的重要性

也许有人会问，模型已经给出了预测的结果，为什么还要执着于知道模型是如何做出预测的呢？这一点与模型在不同应用场景中产生的影响有很大的关系。比如，相较于做药物效果预估所使用的模型，用来做电影推荐的模型其影响力就要小得多。

在解决机器学习问题时，数据科学家往往倾向于关注模型的性能指标(比如准确性、精确度和召回率，等等)，事实上，性能指标只是模型预测能力的部分体现。随着时间的推移，环境中的各种因素可能会发生变化，从而导致模型的前提假设条件也在发生变化，模型的性能也可能会发生变化。因此，了解模型的决策机制和影响模型决策的重要因素是至关重要的事情，而这两点主要是通过模型的可解释性来实现的。可解释性大致可以为模型带来如下五个好处。

(1) 可靠性强，易于产生信任

我们无论是直接使用机器学习分类器作为工具，还是在其他产品中部署模型，至关重要的一点是：如果用户不信任模型或预测结果，他们就不会放心地使用它。他们会不断地提出如下问题：我为什么要相信这个模型？模型给出预测结果的原因是否清晰？模型的决策机制是否合理？我是否会对预测结果和作出的决策感到满意？在面对黑盒模型时，答案也许是不满意，如果我们能够更多地了解模型的决策过程，以及预测结果的由来，那么我们可能会更信任模型的结果。

(2) 判别和减少模型的偏差

模型的可解释性可用于判别并减少模型的偏差，偏差可能存在于任何数据集中，数据科学家需要确定并尝试修正偏差。数据集的规模可能有限，导致不能囊括所有的数据，或者数据在捕获过程中可能没有考虑到潜在的偏差。在彻底进行数据分析之后，或者分析模型预测与模型输入之间的关系时，偏差往往会变得非常明显。可解释性可以让我们提前意识到潜在的偏差问题。

(3) 启发特征工程思路

在大多数问题中，我们正在使用的数据集只是我们正在试图解决的问题的粗略表示，而机器学习模型无法捕捉到真实任务的完整复杂性。可解释模型可帮助我们了解并解释模型中已包含和未包含的因素，并根据模型预测结果，在采取行动时考虑问题的上下文情境。

(4) 改进泛化能力和性能

可解释模型通常具有更好的泛化能力。可解释性并不是要了解所有数据点的模型的全部细节。只有将可靠的数据、模型和问题理解结合起来，才能获得更高性能的解决方案。

(5) 满足道德和法律的需要

对于财务和医疗保健这样的行业，我们需要审计决策过程，并确保该决策过程没有任何歧视或违反任何法律。随着数据和隐私保护法规(如 GDPR)的发展，可解释性变得更加重要。此外，在医疗应用或自动驾驶汽车领域，任何不正确的预测都会产生重大影响，模型能够被验证就显得至关重要了。因此，系统应该能够解释它是如何达到给定要求的。

1.3 国内外的模型监管政策

鉴于模型使用时存在潜在风险，我国针对 AI 技术的使用提出了一定的要求。

我国央行于 2019 年 8 月印发了《金融科技(FinTech)发展规划(2019—2021 年)》，规划文件对金融业的科技技术提出了要求，规划提出要增强科技应用能力，提高人民群众对智能化金融产品的满意度，且金融科技的应用要做到安全、可控、先进、高效。对于使用者来说，尽管黑盒模型可用于高效地处理大数据和提供较为精确的模型结果，但是在使用上很难达到安全可控的标准，在监管上存在困难，缺乏解释的结果也很难让消费者满意和信任。

在国外，美国和欧盟已经制定了与 AI 应用相关的法律法规。美联储和美国货币监理署早在 2011 年就联合发布了模型风控管理指引(SR Letter 11-7：Supervisory Guidance on Model Risk Management)。这里的风控管理不是一般的金融风控，而是模型本身带来的风险，是一种操作风险。美国的监管部门认为，模型的风险来源于模型自身的错误与对模型错误的使用。模型自身的错误包括模型算法上的错误、样本选择的错误、特征筛选的错误、特征衍生的错误，等等。黑盒模型对数据集的处理是不透明的，即使发生了错误也难以发现，存在较高的操作风险。对模型错误的使用包括：将以旧产品为基础设计的模型，直接套用到新产品中；当市场环境或消费者习惯发生变化时，仍然使用旧模型进行预测。当外部环境不稳定时，黑盒模型的效果往往不佳，新产品和消费者行为的改变使得模型不能像人类一样快速学习到新的决策。著名的美国次贷危机也正是因为在当时抵押贷款承销标准恶化的情况下，模型对这些抵押贷款集中起来形成的 MBS（Mortgage-Backed Security，抵押支持债券）仍然有很高的评分，投资者盲目信赖模型的结果，导致在 2006 年房地产泡沫破裂时造成了巨大的损失。

欧盟在 2018 年正式实施 GDPR 条例，GDPR 全称为 The General Data Protection Regulation，旨在增强个人数据和隐私的保护，其中第 22 条规定，个人有权利要求 AI 系统做出解释，让个人可以知道 AI 系统的决策是如何影响他们的。GDPR 赋予了数据主体对其个人数据保护更大的控制权力，黑盒模型在使用时难以满足这个要求，使用者难以描述数据的处理方式，并且模型对处理结果缺乏解释，因此黑盒模型的应用受到了很大的限制，我们需要一种更透明、更具解释性的方法来解决现实问题。

1.4　本章小结

本章首先列举了在银行业中经常使用黑盒模型的三个小场景故事，说明黑盒模型在解决实际场景中的问题时，由于缺乏解释性，并不能很好地解决全部业务问题。同时，黑盒模型由于无法挖掘因果关系，因此可能会导致模型不安全和存在偏见等问题，以及难以满足法律和行业合规政策的要求，限制了机器学习技术更大范围的推广和应用。读者通过本章的阅读，可以了解到黑盒模型在日常应用中存在的问题，以及为什么模型需要具备可解释性，可解释性到底能为模型带来哪些好处。从第 2 章开始，我们将介绍可解释性机器学习及其应用，以解决模型的黑盒问题。

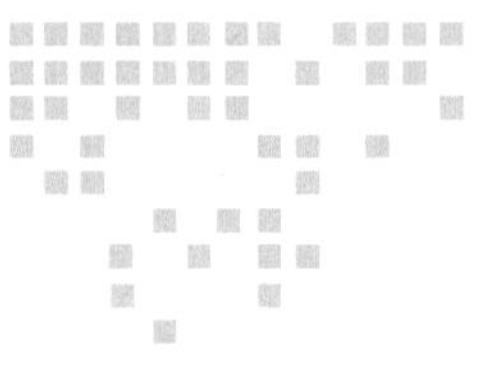

Chapter 2 第2章

可解释机器学习

为了解决模型的“黑盒”问题，科学家们提出了可解释机器学习。除了预测的精准性之外，可解释性也是机器学习模型是否值得信赖的重要衡量标准。可解释机器学习(IML)的核心思想在于选择模型时，需要同时考虑模型的预测精度和可解释性，并尽量找到二者之间的最佳平衡，它不像传统黑盒模型仅考虑预测精度这一单项指标(如低 MSE 或高 AUC)；它不仅能给出模型的预测值，还能给出得到该预测值的理由，进而实现模型的安全、透明和公平等特性。

2.1 模型的可解释性

在大数据时代，机器学习在提升产品销售、辅助人类决策的过程中能够起到很大的作用，但是计算机通常不会解释它们的预测结果。我们在使用机器学习模型时，常用的模型性能评价指标有精度、查准率、查全率、ROC 曲线、代价曲线等。如果一个机器学习模型表现得很好，我们是否就能信任这个模型而忽视决策的理由呢？答案是否定的。模型的高性能意味着模型足够智能和“聪明”，但这不足以让我们了解它的运作原理，因此我们需要赋予模型“表达能力”，这样我们才能更加理解和信任模型。除了单一的性能评价之外，模型的评价还应该增加一个维度，以表示模型的“表达能力”，可解释性就是其中一个。

2.1.1　可解释性的定义

解释指的是用通俗易懂的语言进行分析阐明或呈现。对于模型来说，可解释性指的是模型能用通俗易懂的语言进行表达，是一种能被人类理解的能力，具体地说就是，能够将模型的预测过程转化成具备逻辑关系的规则的能力。可解释性通常比较主观，对于不同的人，解释的程度也不一样，很难用统一的指标进行度量。我们的目标是希望机器学习模型能“像人类一样表达，像人类一样思考”，如果模型的解释符合我们的认知和思维方式，能够清晰地表达模型从输入到输出的预测过程，那么我们就会认为模型的可解释性是好的。

在第 1 章例举的基金营销小场景中，虽然模型能够判断一个客户有很大的可能性购买低风险、低收益的产品，但是模型不能解释客户倾向于购买低风险、低收益产品的更详细的原因，因此也就无法提出对这个客户来说更有针对性的营销策略，从而导致营销的效果不佳。具备可解释性的模型在做预测时，除了给出推荐的产品之外，还要能给出推荐的理由。例如，模型会推荐一个低收益产品的原因是，该客户刚大学毕业，年纪还比较小，缺乏理财意识，金融知识也比较薄弱，尽管个人账户中金额不少，但是盲目推荐购买高收益产品，可能会由于其风险意识不足而导致更多的损失，因此可以通过一些简单的低风险理财产品，让客户先体验一下金融市场，培养客户的理财兴趣，过一段时间再购买高收益的产品。模型的可解释性和模型的“表达能力”越强，我们在利用模型结果进行决策时便能达到更好的营销效果。

2.1.2 可解释性的分类

可解释机器学习的思想是在选择模型时，同时考虑模型的预测精度和可解释性，并尽量找到二者之间的最佳平衡。根据不同的使用场景和使用人员，我们大致可以将模型的可解释性作以下分类。

(1) 内在可解释 VS. 事后可解释

内在可解释(Intrinsic Interpretability)指的是模型自身结构比较简单，使用者可以清晰地看到模型的内部结构，模型的结果带有解释的效果，模型在设计的时候就已经具备了可解释性。如图 2-1 所示，从决策树的输出结果中我们可以清楚地看到，两个特征在不同取值的情况下，预测值存在差异。常见的内在可解释模型有逻辑回归、深度较浅的决策树模型(最多不超过 4 层)等。

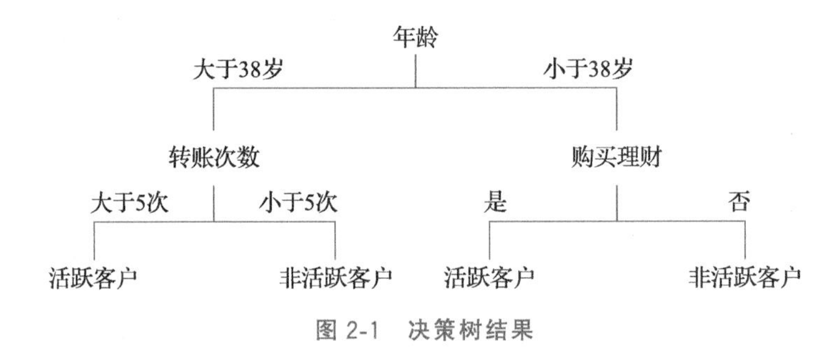

图 2-1 决策树结果

事后可解释(Post-hoc Interpretability)指的是模型训练完之后，使用一定的方法增强模型的可解释性，挖掘模型学习到的信息。有的模型自身结构比较复杂，使用者很难从模型内部知道结果的推理过程，模型的结果也不带有解释的语言，通常只是给出预测值，这时候模型是不具备可解释性的。事后可解释是指在模型训练完之后，通过不同的事后解析方法提升模型的可解释性。如图 2-2 所示，利用事后解析的方法，可以对不同的模型识别结果给出不同的理由：根据吉他的琴颈识别出电吉他，根据琴箱识别出木吉他，根据头部和腿部识别出拉布拉多。常用的事后解析方法有可视化、扰动测试、代理模型等。

a）原始图片

b）解释为电吉他的原因

c）解释为木吉他的原因

d）解释为拉布拉多的原因

图 2-2 事后解释（来源：论文“"Why Should I Trust You?"—Explaining the Predictions of Any Classifier”）（见彩插）

（2）局部解释 VS. 全局解释

对于模型使用者来说，不同场景对解释的需求也有所不同。对于整个数据集而言，我们需要了解整体的预测情况；对于个体而言，我们需要了解特定个体中预测的差异情况。

局部解释指的是当一个样本或一组样本的输入值发生变化时，解释其预测结果会发生怎样的变化。例如，在银行风控系统中，我们需要找到违规的客户具备哪个或哪些特征，进而按图索骥，找到潜在的违规客户；当账户金额发生变化时，违规的概率会如何变化；在拒绝了客户的信用卡申请后，我们也可以根据模型的局部解释，向这些客户解释拒绝的理由。图 2-2 展示的既是事后解释，也是一个局部解释，是针对输入的一张图片作出的解释。

全局解释指的是整个模型从输入到输出之间的解释，从全局解释中，我们可以得到普遍规律或统计推断，理解每个特征对模型的影响。例如，吸烟与肺癌相关，抽烟越多的人得肺癌的概率越高。全局解释可以帮助我们理解基于特征的目标分布，但一般很难获得。人类能刻画的空间不超过三维，一旦超过三维空间就会让人感觉难以理解，我们很难用直观的方式刻画三维以上的联合分布。因此一般的全局解释都停留在三维以下，比如，加性模型（Additive Model）需要在保持其他特征不变的情况下，观察单个特征与目标变量的关系；树模型则是将每个叶节点对应的路径解释为产生叶节点结果的规则。

2.1.3 可解释机器学习的研究方向

可解释机器学习为模型的评价指标提供了新的角度，模型设计者在设计模型或优化模型时，应该从精度和解释性两个角度进行考虑。图 2-3 所示的是可解释机器学习中模型精度和模型可解释性的关系，由香港大学张爱军教授提出，在学术界广为流传，图 2-3 中的横轴代表模型的可解释性，越往正方向，代表模型的可解释性越高；纵轴代表模型的精度，越往正方向，代表模型的精度越高。针对模型评价的两个指标，可解释机器学习有两大研究方向，具体说明如下。

第一，对于传统的统计学模型(比如决策树、逻辑回归、线性回归等)，模型的可解释性较强，我们在使用模型时可以清楚地看到模型的内部结构，结果具有很高的可解释性。然而一般情况下，这些模型的精度较低，在一些信噪比较高(信号强烈，噪声较少)的领域，拟合效果没有当下的机器学习模型高。在保持模型的可解释性前提下，我们可以适当地改良模型的结构，通过增加模型的灵活表征能力，提高其精度，使得模型往纵轴正方向移动，形成内在可解释机器学习模型。比如，保持模型的加性性质，同时从线性拟合拓展到非线性拟合，第 3 章中的 GAMI-Net、EBM 模型均属于内在可解释机器学习模型。

第二，当下的机器学习模型(比如神经网络、深度学习)，其内部结构十分复杂，我们难以通过逐层神经网络或逐个神经元观察数据的变化，在一些信噪比较低(信号较弱，噪声强)的领域，我们很容易把噪声也拟合进去，不易发现其中的错误，模型的可解释性较低。为了提高模型的可解释性，我们可以采用以下两种方法：①降低模型结构的复杂度，如减少树模型的深度，以牺牲模型的精度换取可解释性；②保持模型原有的精度，在模型训练完之后，利用事后辅助的归因解析方法及可视化工具，来获得模型的可解释性。无论采用哪一种方法，其目的都是让模型往横轴的正方向移动，获取更多的可解释性。第 4 章中的 LIME 和 SHAP 等方法均属于事后解析方法。

可解释机器学习的研究在学术界和工业界都引发了热烈的反响，发表的文章和落地应用逐年增长。无论是哪一个研究方向，可解释机器学习研究的最终目的都是：①在保证高水平学习表现的同时，实现更具可解释性的模型；②让我们更理解、信任并有效地使用模型。

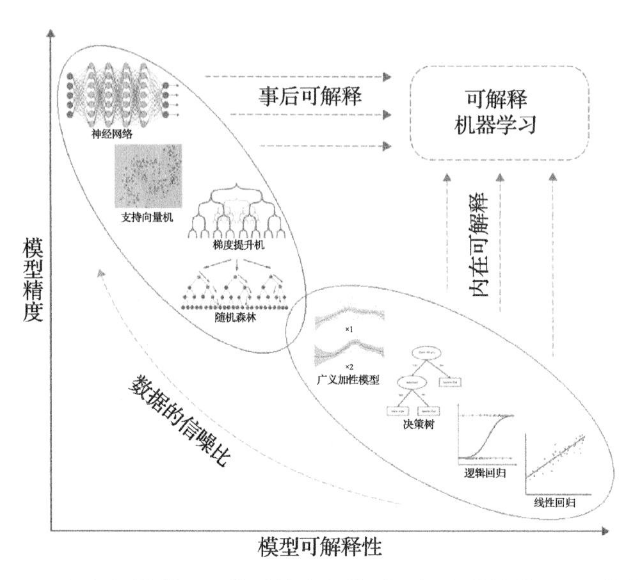

图 2-3 可解释机器学习：模型精度和模型可解释性的关系(图片来源：©香港大学张爱军博士)

2.2 可解释性的作用

并非所有的机器学习模型都需要可解释性，如天气预报、导航系统等，它们的计算不需要使用者的介入。我们在使用天气预报 App 时，只需要知道今天是晴天还是雨天、现在的温度是多少即可，使用者几乎不会关注为什么今天是晴天，为什么现在的温度是 16 度，因此可解释性对于这类场景并不是必要的。而对于一些目前还不完整、正处于探索中的领域，模型的可解释性是很有必要的。可解释性的必要性主要体现在模型拟合的目标与人类现实问题不相符的情况中。通常，模型拟合的目的是使得预测误差最小化，而在实际应用中，我们不仅要求模型误差尽量最小，还要求模型能够挖掘出因果关系、具有安全性且不存在偏见；当模型落地应用之后，还要求模型能在不同的数据环境中都有良好的表现。现实问题比模型拟合问题更复杂多样，仅拟合误差并不能满足人类的需求，因此我们需要模型的可解释性来帮助模型设计者和使用者解决以上问题。下面就来具体介绍可解释性的五大作用。

2.2.1　产生信任

可解释性最大的作用是产生信任。我们要对模型产生信任，并不是简单地要求模型表现好，否则我们只需要不断加强模型的学习能力，提升模型的精度即可。信任是主观的，如果一个专家告诉你："我的模型精度高达99%，其预测A公司的股票未来会翻倍，你去买吧。"即使是在这种情况下，你也会有所迟疑。但假如他告诉你的是："A公司的产品市场空间很大，其产品与家电行业一样，与每个人的生活息息相关，且有大量的市场需求，是万亿级别的市场；A公司是该行业的龙头企业，收入与利润非常可观，专业技术一流，技术力量和科研能力对其未来的持续发展有很强的支撑力……因此A公司的股票未来会翻倍，你去买吧。"听到这里，可能你早已打开股票App，买入该公司的股票了。

模型的可解释性赋予模型可以像人类一样表达观点，阐述理由，从而使得预测结果更有理有据，我们能够更加信任正在使用的模型，即使模型可能会出现一些错误的预测，也不会妨碍我们对它的信任。

2.2.2　提供因果关系依据

科学的研究往往希望能够产生一些结论或常用的规律。尽管目前模型的拟合依据都是以误差最小化为标准，但研究人员在使用模型时，仍然可以作出推断或产生一些假设，进而挖掘因果关系。黑盒模型由于自身的黑盒属性，导致其无法挖掘因果关系，而可解释的机器学习模型则能帮助我们做到这一点。

机器学习模型可以挖掘输入与输出之间的相关关系，但这不一定是因果关系。著名的英国统计学家 E. H. 辛普森曾提出辛普森悖论(Simpson's Paradox)，即满足某个条件的两组数据，分别对它们进行讨论时，它们都能满足某种性质，可是一旦合并考虑，可能就会导致相反的结果。例如信用卡违约率，模型可能给出资产越多、风险越高的结果，但如果我们把整体用户划分为小额贷款用户和大额分期用户，得出的结论可能就会相反，因为我们将两个不同样本空间的群体混为一谈，实际上大额分期用户的资产状况往往比小额贷款用户的要好。

为了挖掘模型中的因果关系，可解释机器学习可以提供相关关系的依据，科学家可以根据模型给出的解释和结果作进一步的假设检验。再进一步，模型设计者可以将因果推断的思想放到模型当中，使模型的结果展现出因果关系，实现可解释性。

2.2.3 帮助模型诊断

由于现实场景的不断变化，任何模型都无法做到完全准确，当模型发生错误时，其在一些高风险领域的使用可能会导致不可估量的损失。黑盒模型虽然可以发现模型产生了错误的结果，但难以找到错误的原因，因为其内部结构过于复杂，模型诊断需要花费大量的时间，错误也不容易被发现。对于模型设计者来说，可解释机器学习模型结构简单，通过直接观察模型和模型的结果，就可以诊断模型，进而优化模型；对于模型使用者来说，当模型给出的解释与我们的经验相违背时，我们可以通过观察数据和模型，判断是数据或模型出现了错误，还是模型挖掘出了新的关系。

同时，一些事物的特点可能会使得模型在训练时找到不正确的相关性，这种错误模型通常难以诊断。在论文《"Why Should I Trust you?": Explaining the Predictions of Any Classifier》中有这样的例子：训练一个区分狼和哈士奇的分类器，在训练集的图片里，狼的图片背景均为雪地。模型的精度很高，达到80%，但也发现了一些错判样本(如图2-4a)，那么这个模型是否值得信任或落地使用呢？答案是否定的。当我们用算法对模型结果进行解释时，发现模型识别出狼的原因是因为背景的雪地(如图2-4b)。显然，由于训练集中所有的狼都是出现在雪地，导致模型错误地找到了"狼—雪地"这样的相关性，这种错误在缺乏解释性的模型中是非常难发现的。针对这类错误，建模人员可以使用可解释机器学习，帮助模型发现这类错误，提供模型优化方向，让模型的判断逻辑与人类相符。

a）哈士奇识别为狼的图片

b）解释识别的原因

图2-4　高精度模型训练时找到正确的相关性(来源：论文""Why Should I Trust You?"—Explaining the Predictions of Any Classifier")(见彩插)

2.2.4 安全使用模型

直接使用黑盒模型的结果作决策，可能会导致不安全的问题。我们希望模型给出的决策是合理的，当模型落地使用时，使用者不可能列出所有可能发生的场景，以判断模型是否准确，也很难注意到一些模棱两可的结果。而可解释机器学习模型则可以为使用者提供决策过程，当有新的样本进入模型或者场景发生变化时，使用者仍然可以依据对结果的解释，放心地制定相关决策。

例如，第1章例举的银行业小故事场景三中的小何，其消费行为发生了变化，可解释机器学习可以根据这种行为变化作出相应的决策变化，由原来的推荐奶茶店改为推荐果汁店，而导致这一变化的原因就是“健身卡”和“轻食店”，倘若我们在为使用者推荐时加入这个原因，使用者不仅不会因为推荐内容的变化而感到诧异，反而会因为模型能够提供合理的推荐理由而继续放心使用该手机银行App。对于一些风险更高的场景，如自动驾驶或金融风控，模型的安全性更加重要，需要结合具有解释性的结果给出风险提示，否则一旦发生错误，便会造成不可估量的损失。

2.2.5 避免发生偏见与歧视

曾有报道指出，亚马逊的人脸识别技术在分辨深肤色人种的性别时错判率较高，有31%的深肤色女性图像会被错误识别为男性，而对浅肤色女性的识别错误率只有7%；更糟糕的是，谷歌照片分类算法曾将非裔美国人识别成猩猩。当前政客、记者、研究人员都十分担心机器学习模型可能会产生不同的歧视问题，要求模型生成的决策必须要满足伦理道德标准。各国在法律上都对模型加强了监管，要求模型不仅要能给出合理解释，而且不能产生歧视的结果。可解释机器学习为结果提供了依据，我们可以据此判断模型是否满足法律要求。公平对于模型来说是一个抽象的概念，我们难以用模型拟合出“公平”这一特点，但我们能够通过可解释机器学习的结果，判断自己构建的模型是否会产生偏见与歧视，从而避免发生偏见与歧视。

2.3 可解释性的实现

改良模型结构和训练模型后加入事后解析的方法，都能增强模型的可解释性。实际上，可解释性对于整个建模流程来说都是必要的，模型的可解释性技术渗透在整个建模过程当中，从建模前的数据分析，到建模中可解释机器学习模型的使用，再到建模后利用事后解析方法对结果进行分析，可解释性技术都有它的发挥空间。

2.3.1 建模前的可解释性实现

建模是为了从数据中总结出普遍规律和发现新的知识，如果我们对自己的数据没有充分的了解，那么建模问题自然就更加难以解决。建模前，由于训练数据集通常会包含一些噪声和错误，对输入数据进行轻微的扰动，可能会导致机器学习模型得出显著不同的结果，从而影响模型结果的正确性和可解释性。在建模之前实现可解释性的目的在于，通过观察数据的特点和进行异常点排查，探索数据的情况，减少建模数据中的噪声，了解数据的分布情况，让建模的结果更准确且更具解释性。建模前的可解释性可以通过一些传统的方法来实现，下面列举常用的四种方法。

(1) 可视化

可视化技术可以让使用者更直观快速地了解数据的情况，进行业务分析和数据探索：正样本和负样本是否均衡，单个特征的分布情况如何，特征是否存在异常值，不同特征之间是否存在相关性？等等。通过可视化的方法，我们可以从各个层级的角度了解数据的分布情况，明确对数据进行后续处理的方案。例如，在正样本数量远远大于负样本数量时，我们需要考虑增加负样本的数量，更全面地了解负样本的特点。这样做，除了能够提高模型的精度之外，还能使模型的解释更令人信服，从而得到更普遍的规律。

(2) 异常点排查

训练样本中可能存在离群点，即某些样本点偏离数据的标准分布，离群点的分布通常会远离其他样本点。离群点与大部分样本的观测值有着明显的不同，其有可能是由真实数据产生的，也有可能是由噪声引起的。异常点在部分场景下需要利用无监督算法进行识别，如风控场景中的欺诈行为检测，而此处的异常点排查则是用于建模前的样本清洗，使得进入模型的样本更具代表性，模型预测更准确，模型得到的解释更符合一般规律。常用的 3σ 准则和 z-score 检验都可用于异常点排查。

(3) 代表性样本选择

当我们发现数据存在异常点时，不一定要第一时间将其剔除，因为我们尚不确定异常点产生的原因，对异常点进行“一刀切”的处理方式可能会削弱模型在某些规律上的挖掘能力。为了提升机器学习模型的可解释性，让使用者能够更好地理解模型和复杂的数据分布，我们可以将样本划分为具有代表性的样本和不具代表性的样本。具有代表性的样本能帮助我们找到数据中的一般规律，而不具代表性的样本也可以解释有哪些信息是模型在典型样本中没有捕捉到的，这样模型的解释便能更加充分合理。微软科学家 Been Kim 提出的 MMD-critic 算法可用于区分具有代表性的样本和不具代表性的样本，使模型在可解释性上的表现有了很大的提升。

(4) 样本分群

建模的样本不一定来源于同一个样本分布，强行将不同群体的样本混合在同一个样本空间中进行建模分析，容易得到错误的结论，前文中正是因为将两个不同总体的样本混为一谈，从而导致辛普森悖论的出现。为了得到更准确的解释结果，我们需要区分不同总体的样本，样本分群就是一种有效的区分方法。样本分群将总体样本划分为多个子空间，使得不同的子空间之间存在明显的差异，而同一子空间内的样本又能足够相似。分析者对不同的子空间分别进行分析建模，可以更准确地找到不同子空间的规律，分而治之，相比于单独创建一个模型，样本分群的精度和可解释性更高。

分群方法可分为人工分群、有监督分群和无监督分群，下面就来具体说明这三种分群方法。

- 人工分群指的是根据模型使用者的经验和需求，将样本总体划分为多个群体。比如，按特征取值可将年龄划分年轻人、中年人和老年人；或者按特征的缺失情况，可将人群划分为有社保人群和无社保人群。
- 有监督分群指的是利用监督学习方法对人群进行划分，利用客户标签进行建模，通常使用的是树模型，如决策树。为了避免分群过细和子群中样本量不足的问题，树的深度一般不超过 3 层。根据树的规则，我们可以得到每个分群的特点，再对分群后的每个子群进行建模。由于决策树是一个可解释机器学习模型，分群结果的可解释性较强，因此整个建模逻辑理解起来也更容易。

- 无监督分群指的是利用无监督学习方法对人群进行划分，通过聚类的方式划分不同的群体，常用的无监督学习方法如 K-means、高斯混合模型(GMM)，都能实现无监督分群。无监督分群对变量的选择要求较高，通常需要结合专家的经验和意见，否则分群的结果将难以与业务相结合，可解释性较差。同样，为了保证子群中的样本数目，划分的群体一般不会超过 5 个。除了客户分群之外，无监督学习方法也可以用于建模前的业务分析与探索。

2.3.2 建模中的可解释性实现

建模中，我们可以通过比较模型的精度和可解释性，选择最终落地应用的模型。相较于黑盒模型，内在可解释机器学习模型能够在满足精度的前提下，达到良好的可解释性效果，方便使用者进行模型调优，从模型中直接发现数据规律，可在实际场景中应用；当使用场景发生变化时，能够及时发现导致变化的原因，从而降低模型的重构成本。细心观察内在可解释机器学习模型，我们会发现，模型中有一些约束可以降低模型的复杂度，满足可解释性的要求，模型设计者可以加入这些约束，构造高精度、高可解释性的机器学习模型，实现建模中的可解释性。一般来说，内在可解释机器学习模型包含如下三种约束。

(1) 可加性(Additivity)

可加性指的是模型可以“分解”成多个特征的相加，模型可表达为 $y=\sum f_i(x_i)$ 的形式，其中 $f_i(x_i)$ 为任何形式的函数，传统的线性回归模型、逻辑回归模型都能以这种形式表达，因此它们有很强的可解释性。将多个特征与目标变量之间的关系分解成单个特征与目标变量的关系，可以大大提升模型的表达能力，有利于使用者观察单个特征与目标变量之间的关系，如第 3 章中介绍的 GAMI-Net 模型正是通过将神经网络转化成加性模型得到的。

（2）稀疏性（Sparsity）

“奥卡姆剃刀”（Occam's razor）是一种在科学研究中常用的基本原则，即“若有多个假设与观察一致，则选择最简单的那个”。我们做解释时也希望理由越简单清晰越好，用上百维的特征去解释预测结果，反而会让人一头雾水，降低了模型的可解释性。稀疏性可以理解为模型中特征系数为 0 的情况，0 的数目越多，证明模型输出越稀疏。实际应用中，重要的特征一般只有几个，剩下的特征对模型结果的预测影响不大，甚至不起作用，随着特征数目的增加，这些特征可能会对模型预测产生一些微不足道的影响，却增加了模型的复杂度，使得模型结果更难以解释。常用的稀疏性约束方法有 L1 正则化，它能使一些无意义特征的权重降至为 0。假设某个模型具有 100 个输入特征，其中只有 10 个特征的信息丰富，我们希望模型结果也只用 10 个特征进行解释，加入稀疏性约束模型可以去掉剩下的 90 个没有信息的特征，用非零系数所对应的特征来解释模型的实际意义，可以为模型带来更强的解释性。

（3）单调性（Monotonicity）

单调性在现实场景中比较常见，例如，在判断能否为一个客户提供贷款时，客户的收入越高，获批贷款的概率就会越高。在数据探索阶段，我们通常能够发现这种关系，然而在建模时，由于一些样本点分布不是呈严格单调关系，正如某些收入高但贷款违约的客户，其模型拟合出来的结果可能就不满足单调性。单调性约束通常会被忽略，具有单调性约束的模型可以使模型结果更符合人类的认知，从而确保使用者作出清晰且符合逻辑的判断。使用单调性模型意味着可以定制化模型结构，使得生成模型参数的取值满足约束。对于基于树的模型来说，使用均匀分布往往可以强制保证单调性：在某个分裂节点处，总是能保证当特征取值往某个方向前进时，目标变量在其所有子节点上的平均值递增；特征取值往另一个方向前进时，目标变量在其所有子节点上的平均值递减。在实践中，为不同类型的模型实现单调性约束的方法千变万化，单调性可为模型增加更多符合业务经验的限制，训练出来的模型会更符合人类的直觉认知，也更好解释。

2.3.3 建模后的可解释性实现

建模后的可解释性主要侧重于对已建立好的复杂机器学习模型或深度学习模型的结果进行解释。倘若我们使用了黑盒模型进行建模，则可以通过对比敏感性分析、LIME、SHAP 等一系列事后解析方法，用多个技术指标对影响模型结果的重要特征变量进行对比分析，以弥补单个模型事后解析方法对模型本身固有的依赖性的局限。另外，事后解析方法也能反向验证模型的优劣，为模型的调优提供辅助信息。

敏感性分析是指从定量分析的角度，研究有关因素发生某种变化时对某一个或一组关键指标影响程度的一种不确定分析技术。其实质是通过逐一改变相关变量数值的方法，来解释关键指标受这些因素变动而影响大小的规律。第 3 章中的部分依赖图和 ICE 图也能展示某个特征的变化与目标变量之间的关系。

LIME 和 SHAP 方法则是利用代理模型的思想，以及简单的可解释模型，拟合复杂模型的结果。代理模型的计算结果与原模型非常接近，但是求解计算量较小，可解释性强。代理模型的建立采用的是一个数据驱动的、自下而上的方法。我们一般认为原模型的内部精确处理过程未知，但是该模型的“输入-输出”行为是非常重要的，我们需要深入挖掘其中的规律。将经过仔细选择的、数量有限的样本作为样本总体，原模型的输出(通常为概率或评分)作为目标变量，构建代理模型，可以得到可解释的结果。

2.4 本章小结

本章主要介绍了什么是可解释机器学习，以及如何实现可解释机器学习。可解释性为机器学习提供了新的评价维度，让我们对机器学习模型产生信任，展示模型从输入到输出的过程，为研究提供因果关系依据；同时，使用者可以利用模型的可解释性进行模型诊断，从而更安全、放心地使用模型，模型更符合监管要求和伦理道德原则，避免发生偏见与歧视。根据可解释性的分类，可解释机器学习的研究可以分为内在可解释机器学习和事后解析方法两个方向，从第 3 章开始，我们将分别从这两个方向介绍可解释机器学习模型的原理和应用。可解释性的实现贯穿着整个建模流程，从建模前、建模中到建模后，每一步都能提升人们对模型的理解，从而推动模型的落地使用。

第二部分 Part 2

理　论

- 第3章　内在可解释机器学习模型
- 第4章　复杂模型事后解析方法

Chapter 3 第3章

内在可解释机器学习模型

内在可解释机器学习模型是指那些自身就具有良好解释性的模型，这类模型最早的代表主要有统计学中的回归模型、加性模型和决策树。回归模型、加性模型和决策树虽然具备很好的可解释性，但是精度不够高，尤其是在面对当前的大数据时，三者的精度往往比集成模型和神经网络要低。

为了解决传统内在可解释模型精度不够高的问题，有不少学者提出了各种新的模型方法。Yin Lou、Rich Caruana 和 Johannes Gehrke 于 2012 年在加性模型的基础上，融入梯度提升树的思路，提出了 EBM(Explainable Boosting Machine，可解释提升机)模型，EBM 模型将加性模型中的特征与响应变量之间的关系，由光滑非参函数改进为用梯度提升树来刻画，同时加入特征交互项的信息。Zebin Yang 和 Aijun Zhang 于 2020 年在加性模型的基础上，融入神经网络的思想，提出了 GAMI-Net，GAMI-Net 将加性模型中的特征与响应变量之间的关系由光滑非参函数改进为用神经网络来刻画，同时加入具有遗传效应和边界清晰性质的交互项信息，这能进一步提升模型的可解释性。Friedman 和 Popescu 于 2008 年基于树模型能抓取特征交互信息的思想提出了 RuleFit，RuleFit 方法利用树模型中的规则来抓取特征间的交互信息，再将规则视作新特征，与原特征一起训练回归模型。Fulton Wang 和 Cynthia Rudin 于 2015 年使用关联分析和贝叶斯思想优化的规则提出了 Falling Rule Lists，该方法通过关联分析找到一系列支持度从大到小的规则，并以贝叶斯的方法来优化迭代超参数，最后根据优化好的规则对样本进行概率预测。这些模型方法在保留可解释性的前提下，大大提高了精度。

本章将首先介绍回归模型、加性模型和决策树的基本概念，再介绍基于加性模型提出的 EBM 和 GAMI-Net，然后介绍基于规则提出的 RuleFit 和 Falling Rule Lists，最后介绍 GAMMLI。

3.1 传统统计模型

内在可解释模型最早主要是指一些传统的统计模型，主要包括回归模型、加性模型和决策树等。由于传统统计模型的精度较低，后来又有很多学者在这些模型的基础上引入神经网络或梯度提升树，在保留模型可解释性的前提下，大大提高了模型的精度。传统统计模型是内在可解释机器学习模型的基础模型，本节将介绍线性回归、广义线性模型、广义加性模型和决策树这 4 个传统统计模型的基本原理及其解释性。

3.1.1 线性回归

1. 模型定义

线性回归(Linear Regression)是研究变量之间定量关系的

一种统计模型。给定多个变量 X_1，X_2，…，X_d（$X_j=\{x_{1j}$，x_{2j}，…，$x_{nj}\}$）和一个随机变量 $Y=\{y_1$，y_2，…，$y_n\}$，当它们满足如下关系时，我们称这个模型为线性回归：

$$Y=w_0+w_1X_1+w_2X_2+\cdots+w_dX_d+\varepsilon，\varepsilon\sim N(0，\sigma^2) \tag{3-1}$$

式(3-1)中，$w_j(j=1，2，\cdots，d)$是待估参数，w_0 表示截距项；w_1，w_2，…，w_d 称为回归系数，分别表示 X_1，X_2，…，X_d 对 Y 的影响程度，可以通过最小二乘法估计出结果；ε 表示残差，满足独立同分布(independently identically distribution)的条件。注意式(3-1)中的 X_j 和 Y 都是矩阵形式。

式(3-1)包含了两个部分，一部分是残差 ε，它是响应变量 Y 的实际值与模型给出的预测值 $\hat{Y}$ 之差；另一部分是 $w_0X_0+w_1X_1+w_2X_2+\cdots+w_dX_d$，它是线性回归学习到的数据规律，也就是模型给出的预测值 $\hat{Y}$，预测值 $\hat{Y}$ 实际上是在给定特征 X 的条件下，响应变量 Y 的条件期望，即 $\hat{Y}=E(Y|X)$。所以：

$$\hat{Y}=E(Y|X)=w_0+w_1X_1+w_2X_2+\cdots+w_dX_d \tag{3-2}$$

我们将式(3-2)中的 w_0 这一项视作 w_0 与取值全为 1 的 $n\times1$ 行的矩阵相乘，即 $w_0=w_0X_0$，$X_0=[1，1，\cdots，1]^{\mathrm{T}}$，再将 w_0，w_1，…，w_d 组合成一个 $d\times1$ 的矩阵 $\boldsymbol{W}$，即 $\boldsymbol{W}=[w_0，w_1，\cdots，w_d]^{\mathrm{T}}$，将 X_1，X_2，…，X_d 组合成一个 $n\times d$ 的矩阵 $\boldsymbol{X}$，即 $\boldsymbol{X}=[X_1，X_2，\cdots，X_d]$。从而，线性回归可以表示为如下形式：

$$\hat{Y}=[X_1，X_2，\cdots，X_d]\cdot[w_0，w_1，\cdots，w_d]^{\mathrm{T}}=\boldsymbol{XW} \tag{3-3}$$

2. 参数估计

在介绍完线性回归的模型定义之后，接下来将介绍线性回归中参数的估计方法，即如何求解式(3-3)中的参数 $\boldsymbol{W}$。下面就来介绍如何使用最小二乘法进行参数估计。

根据最小二乘法的准则，这里应该选择使残差平方和最小的参数 W，即在给定 n 个样本观测值时，选择合适的 W，使式(3-4)的取值最小：

$$\sum_{i=1}^{n}\varepsilon_i^2=\sum_{i}^{n}(y_i-x_iW)^2 \tag{3-4}$$

使用矩阵的运算法则，对式(3-4)做进一步运算，如下：

$$\begin{aligned}\sum\varepsilon^2=\varepsilon^{\mathrm{T}}\varepsilon&=(Y-XW)^{\mathrm{T}}(Y-XW)\\&=Y^{\mathrm{T}}Y-Y^{\mathrm{T}}XW-(XW)^{\mathrm{T}}Y+(XW)^{\mathrm{T}}XW\\&=Y^{\mathrm{T}}Y-2W^{\mathrm{T}}X^{\mathrm{T}}Y+W^{\mathrm{T}}X^{\mathrm{T}}XW\end{aligned} \tag{3-5}$$

对式(3-5)的参数 W 求导，使导数为 0，如下：

$$\begin{aligned}\frac{\partial(\varepsilon^{\mathrm{T}}\varepsilon)}{\partial W}&=\frac{\partial(Y^{\mathrm{T}}Y-2W^{\mathrm{T}}X^{\mathrm{T}}Y+W^{\mathrm{T}}X^{\mathrm{T}}XW)}{\partial W}\\&=-2X^{\mathrm{T}}Y+2X^{\mathrm{T}}XW\\&=0\end{aligned} \tag{3-6}$$

从而可以求得参数的估计，如下：

$$\hat{W}=(X^{\mathrm{T}}X)^{-1}X^{\mathrm{T}}Y \tag{3-7}$$

3. 模型解释性

线性回归在可解释性方面具有很大的优势。例如，我们使用多元线性回归对联合国发展规划署发布的《人的发展报告》中的部分数据进行分析，这里使用了 3 个特征：X_1(人均 GDP，单位为 100 美元)、X_2(成人识字率)、X_3(一岁儿童疫苗接种率)，以及响应变量 Y(人的平均寿命，单位为年)，线性回归的结果如表 3-1 所示。

表 3-1 线性回归结果示例表

	系数	标准误	T	$P>\|t\|$
常数项	33.05	3.092	10.690	0.000
X_1	0.071	0.015	4.871	0.000
X_2	0.174	0.040	4.308	0.000
X_3	0.174	0.049	3.595	0.002

根据表 3-1，我们得到的线性回归模型为 $\hat{Y}=33.05+0.071X_1+0.174X_2+0.174X_3$。该模型结果显示：①人均 GDP、成人识字率和一岁儿童疫苗接种率对提高人均寿命都有正向影响；②人均 GDP 每增加 100 美元，人均寿命增加 0.071 年；③成人识字率每增加 1 个百分点，人均寿命增加 0.174 年；④一岁儿童疫苗接种率每增加 1 个百分点，人均寿命也会增加 0.174 年。所以，可以从发展经济(提高人均 GDP)、发展教育(提高成人识字率)和发展医疗(提高一岁儿童疫苗接种率)三个方面制定措施，来提高人均寿命。

这一案例很好地说明了线性回归在解释性方面的优势，根据参数 w_1，w_2，…，w_d 的值，我们可以清楚地看到 X_1，X_2，…，X_d 对 Y 的影响程度，这里的影响程度包括正向影响或负向影响，以及影响程度的数值大小。然后再结合数据的实际意义，对模型结果进行业务解读，这样做能为决策提供良好的数据支撑。

本案例的线性回归模型是通过 Python 中的 statsmodels 库实现的，案例中使用的代码如下所示：

```
import pandas as pd
import statsmodels.api as sm

data=pd.read_excel('3.1.1_linear_regression.xlsx')
x, y=data.iloc[:, 0:3], data.iloc[:, -1]
```

```
x=sm.add_constant(x)#statsmodels 的线性回归默认没有截距项,这
    里添加截距项。
model=sm.OLS(y, x)
results=model.fit()
print(results.summary())
```

4. 模型的优势与不足

线性回归的优势主要体现在以下三个方面：①思想简单，易于实现，运行速度快；②对于 X 与 Y 满足线性关系的数据很有效；③解释性很强，建模结果有利于决策分析。

线性回归的不足之处主要体现在以下两个方面：①线性回归只能处理 X 与 Y 满足线性关系的数据，且要求 Y 服从正态分布，实际中很多数据并不满足这一要求，所以应用面较窄；②与其他常见的机器学习模型相比，线性回归的精度通常较低。

3.1.2 广义线性模型

1. 模型定义

线性回归要求响应变量 Y 服从正态分布，但是实际上很多数据并不满足这一要求，如金融数据常呈现长尾分布。为了使线性回归能够适用于更多数据问题，可以对数据做一些转换，使转换后的数据满足线性回归的要求，这就是广义线性模型(Generalized Linear Model，GLM)的思想，该模型的矩阵形式如下：

$$g(E(Y|X))=XW,\ Y|X\sim f(Y|X) \tag{3-8}$$

其中，$g(\cdot)$称为连接函数(Link Function)，满足平滑可逆的条件，$f(\cdot)$表示给定样本 X 下 Y 的分布。广义线性模型的核心思想在于，当 Y 不服从正态分布时，可以找一个合适的连接函数，同时学习合适的模型参数 W，使模型的线性部分提

供的响应变量预测值，能够尽可能地接近 Y 经连接函数转化后的值。例如，当 Y 为离散数据，且选择分布为二项分布，取连接函数 $g(E(Y|X))=\ln\left(\frac{Y}{1-Y}\right)$时，学习合适的参数 W 使模型的线性部分输出值 XW 尽可能地接近 Y 经连接函数转化后的值 $\ln\left(\frac{Y}{1-Y}\right)$，即 $\ln\left(\frac{Y}{1-Y}\right)=XW$，此时模型变成了逻辑回归。线性回归本质上也是广义线性模型的一种特例，广义线性模型通过连接函数使模型变得更灵活且具有普适性。常见的连接函数如表 3-2 所示。

表 3-2 常见连接函数表

分布函数 $f(\cdot)$	连接函数 $g(\cdot)$	模型
正态分布 $N(\mu,\ \sigma^2)$	u	线性回归
二项分布 $b(n,\ p)$	$\ln\left(\frac{p}{1-p}\right)$	逻辑回归
泊松分布 $P(\lambda)$	$\ln\lambda$	泊松回归

不过，广义线性模型并不是万能的，只有当 Y 服从指数族分布时，它才能派上用场。指数族分布是指可以写成如下形式的分布：

$$f(Y;\ \theta,\ \phi)=\exp\left(\frac{\theta Y-b(\theta)}{\phi}+c(Y,\ \phi)\right) \tag{3-9}$$

其中，b 和 c 是任意函数，θ 称为自然参数，ϕ 称为尺度参数。正态分布、二项分布、泊松分布、伽马分布都属于指数族分布。

2. 参数估计

在介绍完广义线性模型的定义之后，下面就来介绍广义线性模型中参数的估计方法，即如何求解式(3-8)中的参数 W。我们这里以逻辑回归(Logistic Regression)为例，介绍如何使用最极大似然估计法（Maximum Likelihood Estimate，MLE）进行参数估计。我们首先对逻辑回归进行如下转换：

$$\ln\left(\frac{Y}{1-Y}\right)=XW\rightarrow Y=\frac{\mathrm{e}^{XW}}{1+\mathrm{e}^{XW}} \tag{3-10}$$

式(3-10)可以视作在给定 X 的条件下，$Y=1$ 的概率，从而有：

$$p(Y=1\mid X)=\frac{\mathrm{e}^{XW}}{1+\mathrm{e}^{XW}}=\pi(X) \tag{3-11}$$

$$p(Y=0\mid X)=\frac{1}{1+\mathrm{e}^{XW}}=1-\pi(X) \tag{3-12}$$

给定 n 个样本 $\{(x_1, y_1), (x_2, y_2), \cdots, (x_n, y_n)\}$，我们可以根据式(3-11)和式(3-12)写出逻辑回归的似然函数：

$$\prod_{i=1}^{n}[\pi(x_i)]^{y_i}[1-\pi(x_i)]^{1-y_i} \tag{3-13}$$

对式(3-13)取对数，可以得到如下对数似然函数：

$$\begin{aligned}L(W)&=\sum_{i=1}^{n}[y_i\ln\pi(x_i)+(1-y_i)\ln(1-\pi(x_i))]\\&=\sum_{i=1}^{n}\left[y_i\ln\frac{\pi(x_i)}{1-\pi(x_i)}+\ln(1-\pi(x_i))\right]\\&=\sum_{i=1}^{n}\left[y_i\ln\frac{p(y_i=1\mid x_i)}{p(y_i=0\mid x_i)}+\ln(p(y_i=0\mid x_i))\right]\\&=\sum_{i=1}^{n}[y_i(x_iW)-\ln(1+\mathrm{e}^{x_iW})]\end{aligned} \tag{3-14}$$

之后，再寻找使对数似然函数 $L(W)$ 取极大值的 W，从而得到 W 的估计值，这一过程通常使用梯度下降法或牛顿迭代法来求解。

3. 模型解释性

广义线性模型在解释性方面也具有很大的优势。例如，我们可以使用逻辑回归分析某个房价数据，该数据中只有一个特征 X（家庭可支配收入，单位为万元）、响应变量 Y（是否会购买住房，Y 取值为 1 或 0），那么逻辑回归的结果如表 3-3 所示。

表 3-3 逻辑回归结果示例表

	系数	标准误	Z	$P>\|Z\|$
常数项	−4.7	1.937	−2.427	0.015
X	0.19	0.069	2.745	0.006

根据表 3-3，我们得到的逻辑回归模型为 $\ln\left(\frac{\hat{Y}}{1-\hat{Y}}\right)=-4.7+0.19X$，即 $\frac{\hat{Y}}{1-\hat{Y}}=e^{-4.7}\cdot e^{0.19X}$。该模型结果可以体现如下三个结论：①家庭可支配收入对是否购买住房有正向影响；②家庭可支配收入每增加 1 万元，机会比例 $\left(\frac{\hat{Y}}{1-\hat{Y}}\right)$ 将翻 1.209（即 $e^{0.19}$）倍，即购买住房的机会比例将增加 20.9%；③家庭可支配收入为 15 万和 16 万的人群购买住房的概率（$\hat{Y}$）分别为 13.59% 和 15.98%，这说明在家庭可支配收入为 15 万的基础上，收入每增加 1 万元，购买住房的概率会增加 2.39%。这一模型解释了家庭可支配收入与是否购买住房之间的数量关系。

这一案例很好地说明了广义线性模型在解释性方面的优势，通过参数 w_1，w_2，…，w_d 的值，我们可以清楚地看到特征 X_1，X_2，…，X_d 对响应变量 Y 的影响程度，再结合数据的实际意义，对模型结果进行业务解读。

本案例的逻辑回归模型是通过 Python 中的 statsmodels 库实现的，案例中使用的代码如下所示：

```
import pandas as pd
import statsmodels.api as sm

data=pd.read_excel('3.1.2_logistic_regression.xlsx')
x, y=data.iloc[:, 0], data.iloc[:, -1]
x=sm.add_constant(x)#statsmodels 的逻辑回归默认没有截距项，
    这里添加截距项。
model=sm.Logit(y, x)
results=model.fit()
print(results.summary())
```

4. 模型的优势与不足

广义线性模型是线性回归的推广，其优势主要体现在以下三个方面：①模型较为简单，较易于实现；②与线性回归相比，Y只需要服从指数族分布即可，不局限于正态分布，应用面更宽一些，尤其是广义线性模型中的逻辑回归，在金融行业的应用比较多；③解释性比较强，建模结果有利于进行决策分析。

线性回归的不足之处主要体现在以下两个方面：①虽然广义线性模型的应用范围比线性回归广，但它要求Y服从指数族分布，实际中有些数据可能不满足这一要求，所以其应用面可能不够广泛；②与其他常见的机器学习模型相比，广义线性模型的精度可能较低。

3.1.3 广义加性模型

1. 模型定义

经典线性回归只适用于特征X与响应变量Y满足线性关系的情况，但实际上有很多数据并不完全服从这一规律。例如，一个人缺钙的时候，补钙可以提高其健康程度，但补钙太多对身体反而会有危害，人体的健康程度随着补钙量的增加表现为先提高后下降的关系，并不是线性关系，线性回归对这类数据并不适用，Stone 于 1985 年提出的加性模型和 Hastie 于 1990 年提出的广义加性模型均可用于处理这类数据。加性模型（Addictive Model）与广义加性模型（Generalized Addictive Model，GAM）的关系类似于线性回归与广义线性模型的关系，当连接函数 $g(u)=u$ 时，广义加性模型就是加性模型，所以可以把加性模型视作广义加性模型的一个特例，下面就来介绍广义加性模型的相关知识。

在使用模型对数据进行分析之前，可以先画出 X 与 Y 的散点图来查看二者之间的关系，当 X 与 Y 存在非线性关系，但又难以直接通过图像确定二者之间的非线性关系的具体形式时，广义加性模型提供了一种替代方法，它允许我们在预先不确定 X 与 Y 之间关系的情况下，使用非线性平滑项来拟合模型，如下：

$$g(E(Y|X))=s_0+\sum_{j=1}^{d}s_j(X_j) \tag{3-15}$$

其中，s_0 表示截距项，$s_j(\cdot)(j=1,2,\cdots,d)$是非参光滑函数，$s_j(\cdot)$通常取光滑样条函数、核函数或局部回归光滑函数；$g(\cdot)$称为连接函数，满足平滑可逆的条件。例如，当 Y 为离散变量且服从泊松分布，取连接函数 $g(E(Y|X))=\ln Y$ 时，学习合适的形式使模型的加性部分输出值 $s_0+\sum_{j=1}^{d}s_j(X_j)$，尽可能地接近响应变量 Y 经连接函数转化后的值 $\ln Y$，即 $\ln Y=s_0+\sum_{j=1}^{d}s_j(X_j)$。广义加性模型通过连接函数使模型变得更灵活且具有普适性。广义加性模型常见的连接函数如表 3-2 所示。

在实际应用中，很多时候并非每一个 X_j 与 Y 都是非线性关系，如果每个特征都用光滑函数 $s_j(\cdot)$拟合，那么在高维数据下将会出现计算量大、过拟合等问题，这时将某些 X_j 与 Y 的关系简化成线性形式会更好。于是就出现了半参广义加性模型（Semi-parametric Generalized Additive Model）：

$$g(E(Y|X))=s_0+\sum_{m=a}^{p}X_mW+\sum_{l=b}^{q}s_l(X_l), \quad m\neq l \tag{3-16}$$

其中，a 到 p 代表线性特征的序号，b 到 q 代表非线性特征的序号。式(3-16)将 X_j 与 Y 的线性和非线性关系都考虑了进来，因此其适用于更广泛的数据情况，比式(3-15)介绍的广义加性模型更常用。

2. 模型估计

当广义加性模型的连接函数 $u=g(u)$ 时，广义加性模型退化为加性模型：

$$E(Y|X)=s_0+\sum_{j=1}^{d}s_j(X_j) \tag{3-17}$$

可以把加性模型视作广义加性模型的一个特例，由于广义加性模型的估计方法是基于加性模型的估计方法改进而来的，因此在正式介绍广义加性模型的估计方法之前，我们需要先介绍加性模型的估计方法。

基于式(3-17)，我们可以计算第 k 项光滑函数与响应变量 Y 之间的残差 R_k，如下：

$$R_k=Y-s_0-\sum_{j\neq k}s_j(X_j),\ R_k\approx s_k(X_k),\ E(R_k|X_k)=s_k(X_k) \tag{3-18}$$

所以在给定除第 k 项光滑函数以外其他项的估计值 $\hat{s}_j(X_j)$ $(j\neq k)$时，可以依据式(3-18)估计第 k 项光滑函数 $s_k(X_k)$，再使用迭代的方法逐轮估计 $s_k(X_k)$，直至达到停止迭代的条件，这一过程称为Backfitting算法。在加性模型中，Backfitting算法的具体实现过程如下：

Algorithm：Backfitting

Initialization：$s_0=E(Y)$，$s_1^0=s_2^0=\cdots=s_d^0=0$，$t=0$

Iterate：$t\leftarrow t+1$

for $j=1$ to d **do**：

$$R_j=Y-s_0-\sum_{k=1}^{j-1}s_k^t(X_k)-\sum_{k=j+1}^{d}s_k^{t-1}(X_k)$$

$$s_j^t(X_j)=E(R_j\mid X_j)$$

Until：$\text{RSS}=\frac{1}{n}\sum\left(y-s_0+\sum_{j=1}^{d}s_j^t(X_j)\right)^2<\varepsilon$

在Backfitting算法中，$s_j^t(X_j)$右上角的t表示当前迭代到第t轮；ε表示收敛的临界值。

广义加性模型可以看作是加性模型的扩展，其估计方法也是在加性模型的估计方法(Backfitting算法)的基础上发展而来的。广义加性模型通过Local Scoring算法进行估计，Local Scoring算法包括外部和内部两个部分：外部使用Fisher积分算法来估计连接函数$g(\cdot)$，内部使用Backfitting算法来估计光滑函数$s_j(\cdot)$。在广义加性模型中，Local Scoring算法的具体实现过程如下：

Algorithm：Local Scoring

Initialization：$s_0=E[g(Y)]$，$s_1^0=s_2^0=\cdots=s_d^0=0$，$t=0$

Iterate：$t\leftarrow t+1$

$$\eta^{t-1}=s_0+\sum_{j=1}^{d}s_k^{t-1}(X_k)$$

$$\mu^{t-1}=g^{-1}(\eta^{t-1})$$

产生调整的因变量：$Z=\eta^{t-1}+(Y-\mu^{t-1})\frac{\partial\eta^{t-1}}{\partial\mu^{t-1}}$

产生权重：$\beta=\left(\frac{\partial\mu^{t-1}}{\partial\eta^{t-1}}\right)^2(V^{t-1})^{-1}$

通过权重 β 和回修算法(Backfitting)，以及对 Z 拟合加性模型， 得到估计值 $s_j^t(X_j)$和模型 η^t

Until：$E[\mathrm{Dev}(Y, \mu^t)]<\varepsilon$

在 Local Scoring 算法中，η^t、μ^t、$s_j^t(X_j)$右上角的 t 都是表示当前迭代到第 t 轮；V^{t-1}表示在 μ^{t-1} 处 Y 的方差；$\mathrm{Dev}(Y, \mu^t)$表示 Y 和 μ^t 的离差；ε 表示收敛的临界值。

3. 模型解释性

广义加性模型在解释性方面具有较好的优势。例如，我们使用广义加性模型对某个数据进行分析，这里使用了两个特征(X_1 和 X_2)，广义加性模型的结果如下所示。

首先，可以画出 X_1、X_2 与 Y 之间的图像，以初步确定 X_1、X_2 与 Y 的关系是否存在非线性的形式，如图 3-1 所示。

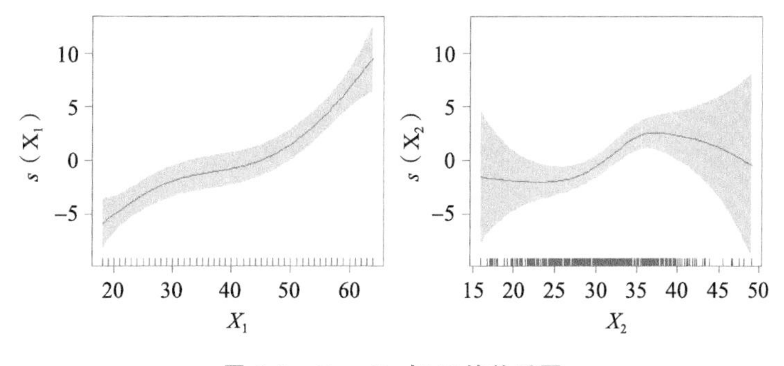

图 3-1 X_1、X_2 与 Y 的关系图

图 3-1 的结果显示 X_1 与 Y 是近似线性的关系，为简化模型，可以使用线性模型来刻画它们之间的规律；X_2 与 Y 是非

线性关系，它们之间的规律应该使用非线性模型来刻画。基于图 3-1 的分析结果，我们进一步对该数据拟合一个 $Y=s_0+wX_1+s_2(X_2)$形式的半参加性模型，结果如表 3-4、表 3-5 和图 3-2 所示。

表 3-4 半参加性模型线性部分结果

	系数	标准误	T	$P>\|t\|$
常数项	2.51	1.45	1.731	0.044
X_1	0.27	0.03	7.92	0.001

表 3-5 半参加性模型非线性部分结果

	系数	Ref. df	F	P-value
$s(X_2)$	3.31	4.18	3.22	0.011

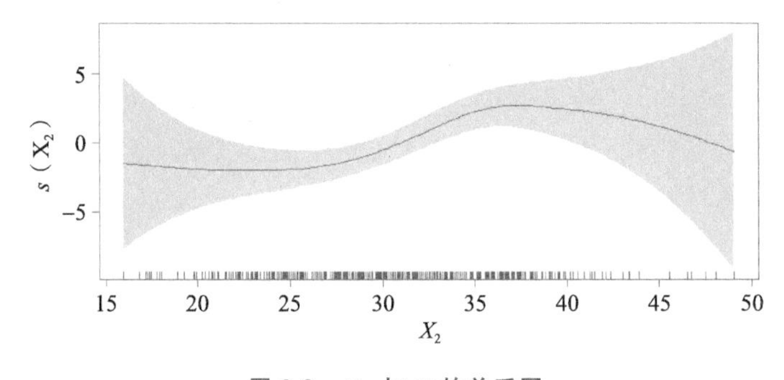

图 3-2 X_2 与 Y 的关系图

根据表 3-4 和表 3-5，我们得到的半参加性模型结果为 $Y=2.51+0.27X_1+s_2(X_2)$。该模型结果显示：①X_1 每增加 1 个单位，Y 的值将增加 0.27 个单位；②X_2 与 Y 的关系由非参函数 $s_2(X_2)$来刻画，难以给出具体的数学表达式，我们可以通过图 3-2 查看二者之间的关系。随着 X_2 的增加，Y 呈现先轻微减少、再增加、然后再减少的趋势。

这一案例很好地说明了广义加性模型在解释性方面的优势，它可以发现 X 与 Y 之间的非线性关系，我们可以从中得知在 X 的不同取值下 Y 的变化规律，再结合数据的实际意义对模型结果进行业务解读。

本案例的广义加性模型是通过 R 语言的 mgcv 库实现的，案例中使用的代码如下：

```
library(mgcv)

data=read.csv('3.1.3_GAM.csv')
#先对所有特征拟合广义加性模型,Y 服从高斯分布。
model1=gam(Y~s(X1)+s(X2),family=gaussian(),data=data)
summary(model1)
plot(model1,pages=1,se=TRUE,shade=TRUE)#画出图 3-1。
#根据图 3-1 的结果分析,对 X1 拟合线性关系,对 X2 拟合非线性关系,Y 服从
  高斯分布。
model2=gam(Y~X1+s(X2), family=gaussian(),data=data)
summary(model2)
plot(model2,pages=1,se=TRUE,shade=TRUE)画出图 3-2。
```

4. 模型的优势与不足

广义加性模型是广义线性模型的推广，其优势主要体现在以下两个方面：①与广义线性模型相比，广义加性模型不需要严格规定 X 与 Y 的参数依存关系，是处理非线性数据的一种灵活且有效的方法；②X 对 Y 的影响效应以加性的方式呈现，模型的解释性比较强。

广义加性模型的不足之处主要体现在以下两个方面：①由于 X 与 Y 之间的关系是用非参函数来刻画的，因此求解过程计算量较大；②与其他常见的机器学习模型相比，广义加性模型的精度可能较低。

5. 对比小结

线性回归和广义线性模型中，X 与 Y 之间用线性关系来表

示，通过参数 W 的值，我们可以看到 X 对 Y 的影响程度，它们的解释性都非常好。但是在很多数据中，X 与 Y 不一定完全满足线性关系，在面对复杂数据时，线性回归和广义线性模型的精度可能还不够高。广义加性模型主要通过光滑函数 $s_j(\cdot)$ 来查看 X 对 Y 的影响程度，可以捕捉到 X 与 Y 之间的线性关系，在面对复杂数据时，精度可能会更高。但有时也会因为 $s_j(\cdot)$ 过于复杂而导致 $s_j(\cdot)$ 自身缺乏解释性，所以广义加性模型的解释性比线性回归和广义线性模型要弱一点。最后，我们可以从精度和解释性角度对这 3 个模型进行对比小结，对比结果如表 3-6 所示。

表 3-6 三个传统统计模型的精度和解释性对比表

模型	数学形式	精度	解释性
线性回归	$E(Y\mid X)=XW$	★	★★★
广义线性模型	$g(E(Y\mid X))=XW$	★	★★★
广义加性模型	$g(E(Y\mid X))=s_0+\sum_{J=1}^{d}s_j(X_j)$	★★	★★

值得注意的是，线性回归和广义线性模型中的“线性”指的是模型可以用线性的参数形态来表示，即 Y 对于回归系数 W 是线性的，而非 Y 对于特征 X 则是线性的。例如，$\hat{Y}=w_1X_1+w_2X_2^2+w_3\ln(X_3)$ 仍然是一个线性回归。

3.1.4 决策树

1. 模型定义

决策树(Decision Tree)是一种基于 if-then 规则、自顶向下对数据进行分类的树形结构模型，由节点与有向边组成。样本从根节点被划分到不同的子节点中，子节点进行特征选择，直到满足结束条件，或者所有样本都被划分到某一类中为止。

图 3-3 所示的是一个决策树的示意图。

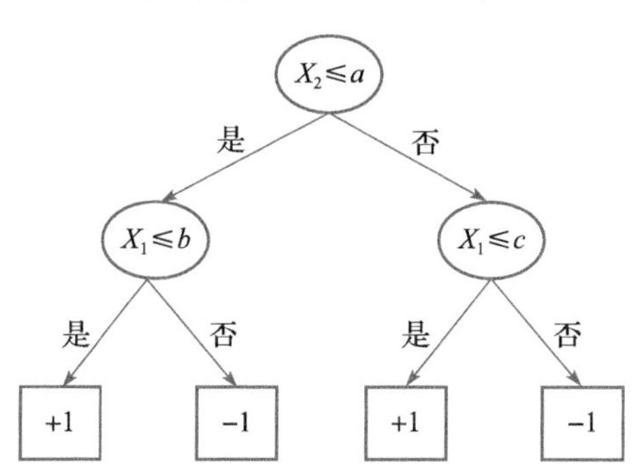

图 3-3 决策树示意图

看完这个示意图，大家可能会思考如下问题：第一个节点(根节点)为什么是 X_2 这个特征，能否是其他特征？右下角的特征分裂阈值为什么是 $X_1 \leqslant c$，能否是 X_1 小于其他值？这就会涉及决策树如何寻找最优分裂特征，以及如何在分裂特征中寻找最优切分值的问题，也就是使用哪种算法可以快速、准确地实现决策树的问题。

2. 实现算法

决策树主要有 ID3、C4.5 和 CART 共 3 种实现算法，ID3 使用的准则是信息增益，C4.5 使用的准则是信息增益比，CART 使用的准则是基尼指数。目前应用最广泛的是 CART，我们在这里将主要介绍 CART 算法。

CART 是一种常见的实现决策树的算法，它使用基尼指数选择最优特征，同时决定该特征的最优切分点。给定一个样本集 D，假设目标变量 Y 的取值包含 K 个类(即 Y 有 K 种取值)，样本属于第 i 类的概率为 $p_i(i=1, 2, \cdots, K)$，定义集合 D 的基尼指数 Gini(D)为：

$$\mathrm{Gini}(D)=1-\sum_{k=1}^{K}p_k^2 \tag{3-19}$$

假设我们使用特征 A 来分裂决策树中的节点，样本集 D 根据特征 A 是否取某一可能值 a 被分割为 D_1 和 D_2 两个部分（决策树的左右两个子节点），那么在特征 A 的条件下，集合 D 的基尼指数 Gini(D，A)定义如下：

$$\mathrm{Gini}(D, A)=\frac{|D_1|}{D}\mathrm{Gini}(D_1)+\frac{|D_2|}{D}\mathrm{Gini}(D_2) \tag{3-20}$$

Gini(D，A)表示经 $A=a$ 分割后集合 D 的不确定性。基尼指数越小，表示集合（节点）的不确定性越小，集合（节点）越"纯"，对应的特征及其切分点越好。在所有可能的特征，以及特征的所有可能的切分点中，我们通常选择基尼指数最小时所对应的特征和切分点，作为最优特征与最优切分点，这就是CART 算法的基本思路。此外，决策树中的节点经过某个特征的分裂后不确定性降低得越多，说明该特征的区分能力越强，这一点可以用于衡量特征的重要性。

3. 模型解释性

决策树在解释性方面具有较好的优势。通过一系列 if-then 的规则，我们可以清楚地看到各个节点和模型预测结果的由来。在进行客户分群时，可以使用决策树对客户进行分类，将决策树的节点视作客群，并通过决策树的生成规则解释各个客群的含义。例如，我们想通过征信是否良好、历史是否逾期和逾期次数这 3 个特征，将客户按风险程度进行分群，所构建的决策树模型如图 3-4 所示。

通过图 3-4 所示的决策树模型，我们可以看到模型是如何通过一系列规则进行判断的：例如，当某个客户征信不好，而

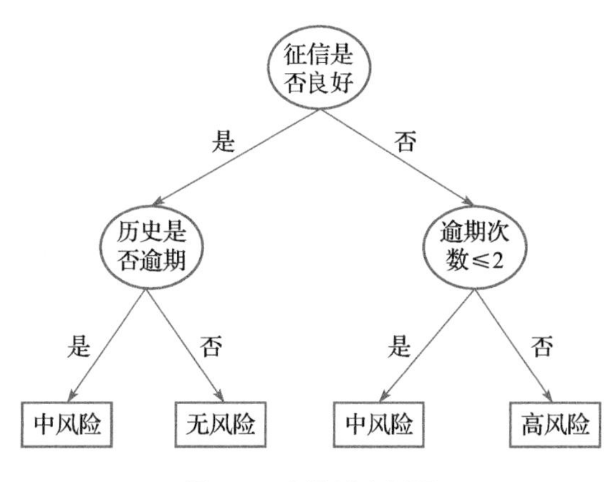

图 3-4 决策树案例图

且逾期次数超过 2 次时，该客户会归类为高风险客户，我们可以根据决策树的规则，结合特征的实际意义，对各个客群(各个节点)进行业务解释。这里需要注意的一点是，当决策树生长得太深时，决策规则会变得过长，这样会加大业务解释的难度。

4. 模型的优势与不足

决策树的优势主要体现在以下三个方面：①计算量比较小，所以决策树的速度会比较快；②模型结果是通过规则产生的，因此解释性很好；③操作简单，特征通常不需要做归一化处理。

决策树的不足之处主要体现在以下三个方面：①容易产生一个过于复杂的模型进而造成过拟合的问题；②数据中的微小变化可能会导致生成不同的树，模型稳定性较差；③对于各类别样本数量不一致的数据，信息增益偏向于那些拥有更多数值的特征。

3.2 EBM模型

传统的统计模型虽然结构简单，容易解释，但是也存在一定的局限性，例如，精度较低。如果我们想要训练出预测精度较高的模型，仅仅使用传统的统计模型是远远不够的。为了解决这一问题，同时又能保留容易解释的模型结构，Yin Lou 于2012年提出了EBM模型，在广义加性模型的框架下，用提升树模型拟合各个特征，并创新性地设计了FAST算法，用于寻找特征之间的交互项效应，并将排名靠前的交互特征放入模型中，以进一步提高模型的精度。目前，该模型已经被嵌入到微软开发的可解释包 interpret 中，可以从该开源库中直接调用，其开源网址为 https://github.com/interpretml/interpret。本节将主要介绍EBM的模型定义、识别二阶交互项、实现算法、模型解释性及模型的优劣分析。

3.2.1 模型定义

EBM模型的全称是 Explainable Boosting Machine，该模型是将提升树模型(Boosting Tree)融入到广义加性模型之中，并经过一系列的改良操作，达到解决回归问题和分类问题的目的，精度上也可以接近复杂模型。同时，EBM模型的内在结构清晰明了，本身具有很强的解释性，可以对模型结果进行局部解释和全局解释，帮助人们作出更有效的决策，从而提升模型的可信度。前面已经提到过，广义加性模型的结构是 $g(E(Y|X))=\sum_{i=1}^{N} f_i(X_i)$，其中，$f(x)$称为形函数(shape function)，在EBM模型中，可以用提升树模型拟合其中的

$f_i(X_i)$。而后，在此基础上进行的改良是，找到影响力比较大的交互项，再将其加入到广义加性模型中，模型结构变为 $g(E(Y|X))=\sum_{i=1}^{N}f_i(X_i)+\sum_{i,j}f_{ij}(X_i, X_j)$。

广义加性模型一直贯穿于整个EBM模型中，选择适合的拟合方法也是非常值得考量的。当下比较流行的方法包括最小平方法、梯度提升法和后向拟合法，其中，后两种方法是EBM所使用的拟合广义加性模型的方法。关于寻找二阶交互项，如果按照传统方法，即每加一个交互特征都要重新训练模型，那么计算就会特别耗时。因此，EBM模型使用FAST算法，为所有的成对特征的影响快速排序，再选择排名靠前的交互特征，一起加入到广义加性模型中进行拟合。

3.2.2　识别二阶交互项

学术界发展了很多方法用于识别交互作用，常见的有方差分析法(ANOVA)、部分依赖函数(Partial Dependence Function)、基于卡方检验的方法(GUIDE)等。EBM模型提出了新的寻找交互特征的方法FAST，用于识别交互特征，并且根据影响力为交互特征排序。FAST算法的思想是对所有的二阶交互变量，逐个计算关于模型的剩余平方损失(RSS)，并据此对交互特征排序，然后选择靠前的 K 个交互变量放入模型中。下面就来看一下具体的实现过程。

给定任意一对特征 (X_i, X_j)，当把它们放在一起训练时，得到的形函数 $f_{ij}(X_i, X_j)$ 会对模型产生多大的影响。对应的单个特征形函数 $f_i(X_i)$，$f_j(X_j)$ 是在一开始就训练好的，是主效应。所以交互作用 $f_{ij}(X_i, X_j)$ 是在主效应训练完之后，对残差 $Y_{残差}$ 进行训练。直观来看，如果 (X_i, X_j) 之间有较强的相关性，则其 $f_{ij}(X_i, X_j)$会极大地降低残差。以回归问题为例，假设数据集中有 N 个特征，那么成对的特征共有 $C_N^2=\frac{N(N-1)}{2}$种可能。如果要遍历所有的成对特征，那么整个过程将会非常耗时耗力，而 FAST 算法可以使计算变得高效。

训练好主效应 $f_i(X_i)$，$i=1, 2, \cdots, N$ 之后，即可对残差数据集进行拟合。以某一成对特征 (X_i, X_j) 为例，对 $(X_i, X_j, Y_{残差})$拟合一个非常简单的模型。可认为该模型是类似于深度为 2 的树，因为深度为 2 代表的是可以抓取二阶交互特征。如图 3-5 所示，分别对 X_i 和 X_j 做切分，分割点是 c_i 和 c_j。有了两个分割点之后，相当于是将两个变量构成的平面切分为了 4 部分，即 $(X_i \geqslant c_i, X_j \geqslant c_j)$，$(X_i \geqslant c_i, X_j < c_j)$，$(X_i < c_i, X_j \geqslant c_j)$，$(X_i < c_i, X_j < c_j)$，如图 3-5a 所示，而图 3-5b 所示的是用树模型图进行类比划分出来的 4 个空间，并不是使用传统的决策树模型来寻找分裂点。

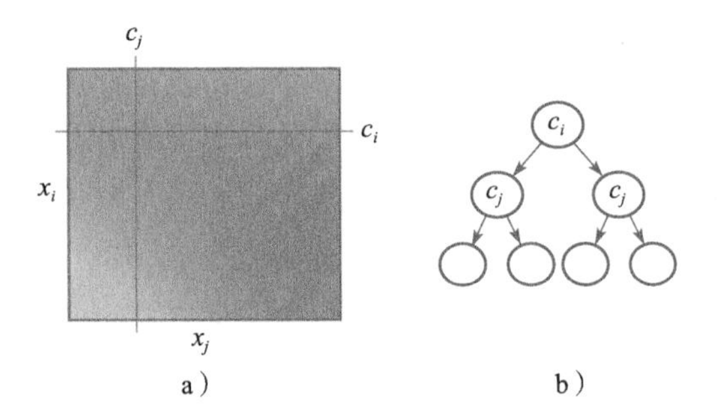

图 3-5 十字切分图(来源：https://www.microsoft.com/en-us/research/publication/accurate-intelligible-models-pairwise-interactions/)(见彩插)

那么，怎样才能找到最好的分割点呢？上文只介绍了将二维平面划分为 4 个部分的一种选择，即非常简单粗暴的十字法，在实际情况下，还有更多种可能的划分方法，比如，图 3-6 就展示了一种划分方法。

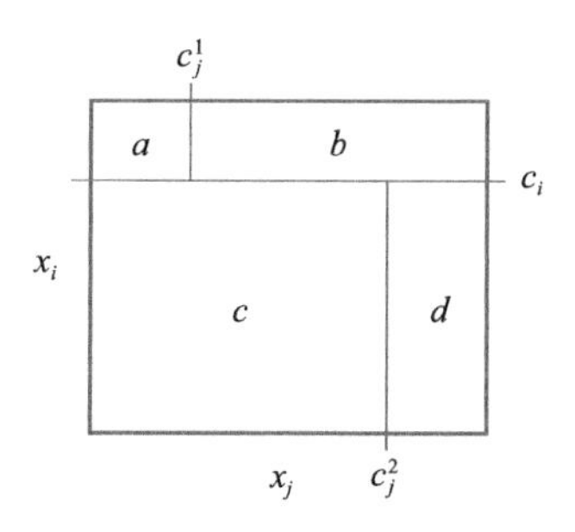

图 3-6　三个分割点的切分图(来源：https://www.microsoft.com/en-us/research/publication/accurate-intelligible-models-pairwise-interactions/)

为了找到最好的分割点，我们可以使用贪心搜索算法。我们的目的是要搜寻在所有可能的切割(c_i，c_j^1，c_j^2)中，使得平方损失(RSS)最小的那一对。为了降低复杂度，算法会提前把所有可能的由两个分割点得到的损失储存起来，然后在搜索的时候直接查找即可。

关于成对特征的搜索表制作，则是通过遍历两个变量的取值得到的。如果是离散变量，就直接遍历所有可能的取值；如果是连续变量，则可以通过分箱的方法，将取值固定在某个区间内即可，FAST 算法中设置的箱数是最多不超过 256 个。以下假设 X_i 的取值空间为(v_i^1，v_i^2，…，$v_i^{d_i}$)，其中，d_i 代表的是变量 x_i 的所有取值个数。例如，当 X_i 代表性别时，它的取值空间为(男，女)，对应起来就是 $v_i^1=$男，$v_i^2=$女，$d_i=2$。那么当有两个变量时，其取值空间就相当于是一个二维平面，可以用表 3-7 的形式来呈现。表 3-7 中的每一个格子，都代表着一种分割方式，我们可以根据表 3-7 计算该种分割下的剩余平方和(RSS)。

表 3-7 成对特征 RSS 表

	v_j^1	v_j^2	…	$v_j^{d_j}$
v_i^1	$\text{RSS}_{1,1}$	$\text{RSS}_{1,2}$	…	RSS_{1,d_j}
v_i^2	$\text{RSS}_{2,1}$	$\text{RSS}_{2,2}$	…	RSS_{2,d_j}
…	…	…	…	…
$v_i^{d_i}$	$\text{RSS}_{d_i,1}$	$\text{RSS}_{d_i,2}$	…	RSS_{d_i,d_j}

贪心搜索算法是基于表 3-7 进行搜索的，假设 c_i 已经确定，则以此为起点，将 X_i 的空间分为 $X_i>c_i$ 和 $X_i \leqslant c_i$ 两部分，接下来，在 $X_i \leqslant c_i$ 的空间中搜索 RSS 最小的关于 X_j 的分割点 c_j^1，在 $X_i>c_i$ 的空间中搜索 RSS 最小的关于 X_j 的分割点 c_j^2。获得(c_i，c_j^1，c_j^2)这三个分割点之后，再计算一遍相应的 RSS。因为 c_i 有 d_i 种可能的取值，所以会把所有可能的分割都遍历一遍，每一种分割都会有一个对应的 RSS。最终选择 RSS 最小的分割，以此作为成对特征(X_i，X_j)的权重，后续每一成对特征的影响力也会根据 RSS 来排序。

3.2.3 实现算法

为了提高模型训练的高效性，我们会尝试使用两阶段建设法，即先训练主效应 $f_i(X_i)$，$i=1, 2, \cdots, N$，再训练交互项效应 $f_{ij}(X_i, X_j)$，$i \in \{1, 2, \cdots, N\}$，$j \in \{1, 2, \cdots, N\}$，$i \neq j$。

第一阶段是先对单个特征拟合形函数，然后拟合广义加性模型，模型结构是 $g(E(Y))=\sum_{i=1}^{N} f_i(X_i)$。广义加性模型一直贯穿于整个 EBM 模型中，选用适合的拟合方法也是非常值得考量的。当下比较流行的方法有最小平方法、梯度提升法和后向拟合法。而后两种方法是 EBM 所使用的拟合广义加性模型的方法，下面就来详细介绍梯度提升算法。

对于回归问题，梯度提升算法的逻辑如下：

Algorithm 1：Gradient Boosting for Regression

1：$f_j=0(j=1，2，\cdots，N)$

2：**for** $m=1$ to M **do**

3：　**for** $j=1$ to N **do**

4：　　$R=\left\{x_{ij}，y_i-\sum_k f_k\right\}_{i=1}^{n}$

5：　　将 R 当作训练数据，学习形状函数(shaping function)S：$X_j \rightarrow Y$

6：　　$f_j=f_j+S$

先用 0 初始化所有 N 个形函数，即 $f_1(X_1)=0$，$f_2(X_2)=0$，…，$f_N(X_N)=0$。接着开始第一轮训练，得到新的 N 个形函数。重复 M 轮训练，最后得到 $f_i(X_i)$，$i=1，2，\cdots，N$。

对于每一轮训练，具体的步骤(以第一轮训练中的第一个特征为例)是：首先选择第一个特征 X_1 和残差变量 $Y-\sum_k f_k$，将其合为一个数据集 $\{x_{i1}，y_i-\sum_k f_k\}_{i=1}^{N}$。因为初始化的时候，$f_2$，…，$f_N$ 都设为 0，所以这里的残差变量直接为 Y。然后用该数据集训练树模型，或者集成树模型，记为 S，并更新形函数 $f_1=f_1+S$。接着用同样的方法训练第二个特征 X_2，第三个特征 X_3……直到第 N 个特征 X_N。

对于分类问题，梯度提升的算法思路与回归问题是一样的，依旧是 M 轮训练，区别在于每一轮训练对特征形函数的训练方法不同。这里以第 m 轮训练为例说明具体的不同之处，先基于目标变量衍生一个新变量 $\tilde{Y}=\dfrac{2Y}{1+\exp(2Y \cdot F(x))}$，其中，$F(x)$

是上一轮(即第 $m-1$ 轮)得到的目标函数 F 对样本 x 的预测变量。以第一个特征为例，训练集为$\{x_{i1}, \tilde{y}_i\}_{i=1}^n$，用它来训练有 K 个叶子节点的树，记为$\{R_{km}\}_{k=1}^K$，其中 m 代表第 m 轮训练。每一个叶子节点的权重是 $\gamma_{km}=\dfrac{\sum\limits_{x_{ij}\in R_{km}}\tilde{y}_i}{\sum\limits_{x_{ij}\in R_{km}}|\tilde{y}_i|(2-\tilde{y}_i)}$。接下来是更新第一个特征的形函数 $f_1=f_1+\sum\limits_{k=1}^K\gamma_{km}I(X_{i1}\in R_{km})$。

算法如下：

Algorithm2：Gradient Boosting for Classification

1：$f_j=0(j=1, 2, \cdots, N)$

2：**for** $m=1$ to M **do**

3：　　**for** $j=1$ to N **do**

4：　　　　$\tilde{y}_i=\dfrac{2y_i}{1+\exp(2y_i\cdot F(x))}i=1, 2, \cdots, n$

5：　　　　将 $R=\{x_{ij}, \tilde{y}_i\}_{i=1}^n$ 当作训练数据，学习$\{R_{km}\}_{k=1}^K$

6：　　　　$\gamma_{km}=\dfrac{\sum\limits_{x_{ij}\in R_{km}}\tilde{y}_i}{\sum\limits_{x_{ij}\in R_{km}}|\tilde{y}_i|(2-\tilde{y}_i)}, k=1, 2, \cdots, K$

7：　　　　$f_j=f_j+\sum\limits_{k=1}^K\gamma_{km}I(X_{ij}\in R_{km})$

第二阶段是在第一阶段拟合好的基础上，对残差$(Y-\hat{Y})$进行拟合，模型结构变为 $Y-\hat{Y}=\sum\limits_{ij}f_{ij}(X_i, X_j)$。确定二阶交互特征之后，再按照上述第一阶段的算法来拟合这些交互项。至此，两阶段训练模型过程结束。

3.2.4　模型解释性

EBM 模型的解释性可分为全局解释和局部解释两大类。

全局解释是基于数据集中的特征变量对模型结果进行解释，从中我们不仅可以看到每个特征的形函数 f_u，以图的方式来展示 f 的内部结构，还可以看到每个特征的全局重要性。在 EBM 模型中，每一项 f_u 都有相应的权重。不管是单个特征还是二阶交互特征，我们都会对其计算相应的权重，然后排序，找到重要性靠前的单个特征或交互特征，提供给模型使用者以进行后续模型分析。

至于模型权重的计算，EBM 模型使用$\sqrt{E(f_u^2)}$来度量 f_u 的重要性。$\sqrt{E(f_u^2)}$就相当于 f_u 的标准差。由于在 EBM 中，不必考虑模型截距项的重要性，因此令 $E(f_u)=0$，那么 $\mathrm{std}(f_u)=\sqrt{E(f_u^2)-E^2(f_u)}=\sqrt{E(f_u^2)}$。举个简单例子，当 $f_i(X_i)=w_iX_i$ 时，且对 X_i 做正则化，使得$\sqrt{E(x_i)^2}=1$，那么$\sqrt{E((f_i)^2)}=\sqrt{E((w_iX_i)^2)}=|w_i|$。所以对数据进行正则化之后，可以将标准差当成权重，来度量每一项的重要性。

下面以某银行信用卡数据集为例进行说明，数据集中包含 15 个特征变量，目标是预测用户的违约概率。训练完 EBM 模型，可以得到特征变量的全局解释。这里的全局解释包括两个层次，一是特征重要性排序，二是每个特征与目标变量之间的函数关系，即形函数。图 3-7 所示的是特征重要性的排序图。每个特征的重要性分数就是上述提到的标准差。

第二个层次是指刻画每个特征与目标变量之间的形函数，以及特征自身取值的分布情况。如图 3-8 所示，上方显示的是特征 PAY_0 与目标变量之间的关系，下方显示的是该特征在

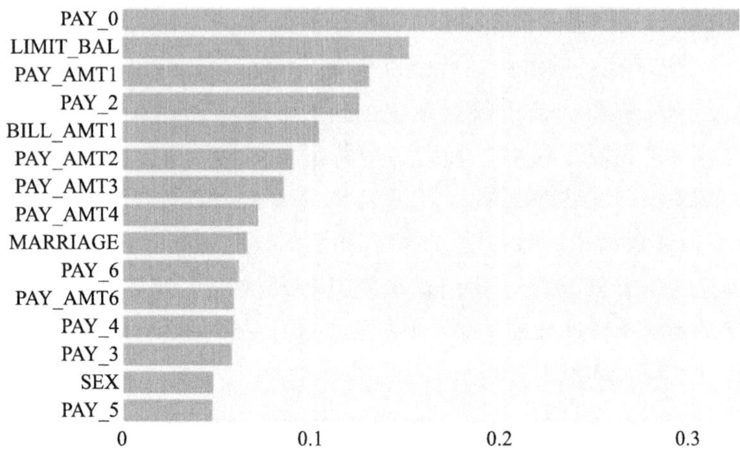

图 3-7 特征的重要性全局解释图

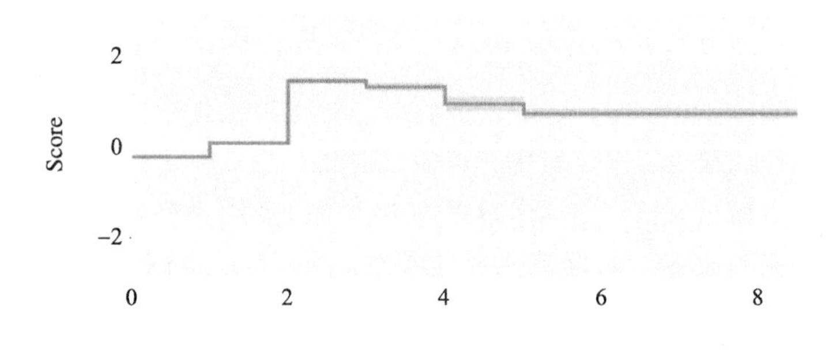

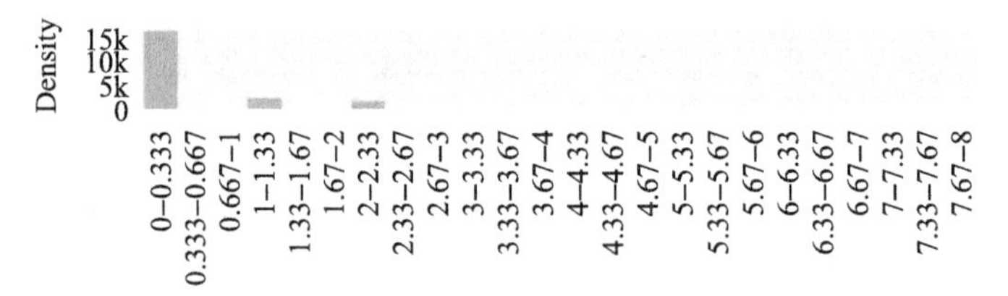

图 3-8 特征的形函数图

数据集中的概率分布直方图。从形函数图可以看到，当特征取值从 0 开始增大时，违约概率也开始增加，特征取值为 2 时达到顶峰，之后则是违约概率随着特征的增大而减小。根据图 3-8，我们可以认为 PAY_0 取值为 2 时是违约增加的一个警报，即如果有客户在该特征下的取值为 2，则其有很大的可能会违约。

使用训练好的 EBM 模型来预测一个用户是否违约时，其可以提供局部解释。局部解释主要体现在其能够对每个样本的得分进行解释说明，包括该样本中每个特征的得分情况，以及哪些特征对该样本模型预测结果的影响最大。图 3-9 所示的是某一个体的预测结果及得分情况。

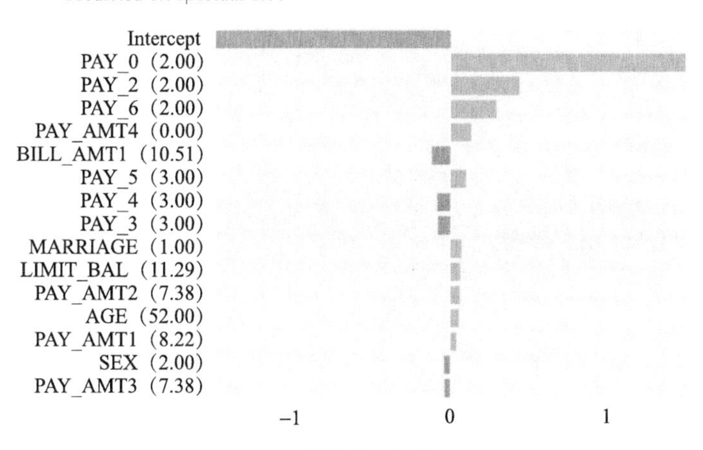

图 3-9　个体的局部解释图

从图 3-9 中可我们看出，预测该个体发生违约的概率为 0.71，显著高于 0.5 的阈值。而实际结果显示该个体确实违约了，所以预测与实际相符。对于模型为何会给出这么高的预测概率，条形图给出了具体的得分情况，并按从大到小的顺序进行了排列，只需要将所有得分加总并进行函数变化，便可算出相应的概率。可以看到，PAY_0、PAY_2 和 PAY_6 这 3 个变量的贡献值均比全局解释图中该变量的贡献值高。尤其是 PAY_0，其贡献值超过 1，所以我们可以推断出这三个变量对该样本的预测概率起到了非常重要的作用。局部解释性可以帮助研究者找到影响单一个体的具体原因，然后结合业务对存在的问题进行深入研究。

上述示例的实现代码如下：

```
#读取数据。
import pandas as pd
import numpy as np
from sklearn.model_selection import train_test_split
from interpret import show
from interpret.glassbox import ExplainableBoostingClassifier

credit_data=pd.read_csv('creditcard.csv')
credit_data.fillna(0,inplace=True)
x=credit_data.iloc[:,1:23]
y=credit_data.iloc[:,-1]
#分训练集和测试集。
X_train, X_test, y_train, y_test=train_test_split(x, y, train_
    size=0.7)

ebm=ExplainableBoostingClassifier()  #定义模型,默认参数。
ebm.fit(X_train, y_train)            #训练 EBM 模型。
ebm_global=ebm.explain_global()
show(ebm_global)                     #得到全局解释图。
ebm_local=ebm.explain_local(X_test, y_test)#解释单个个体。
show(ebm_local)                      #得到局部解释图。
```

3.2.5 模型的优势与不足

EBM 模型加入二阶交互项之后，其精度提升了很多，同时可解释性也很强，我们可以清楚地看到每一项的权重，可以根据权重来看待每一项特征的重要性。除此之外，EBM 模型还包括以下 4 个特点。

1）EBM 模型能够自动检测出成对交互作用，按交互作用的强弱从大到小显示交互特征，保留前 k 个成对交互特征。同时，热力图可用于显示成对交互项对响应变量的影响。由于捕捉了交互作用，因此模型的精度和解释性都得到了增强。

2）EBM 中检测到的交互项效应比用 RuleFit 抓取到的交互项效应会更准确一点。很多模型抓取到的交互都会存在虚假交互的问题，即 spurious interaction。但是 FAST 算法可以很好地解决这个问题，并且经过了实验的验证。

3）FAST 算法由于提前计算出了成对特征的搜索表，所以降低了运行的时间复杂度，速度快、效率高。

4）EBM 模型数据预处理和特征工程都很简单，能够节省大量的资源。只需要对缺失值、异常值进行简单处理就能达到较高的精度。而逻辑回归要想达到较高的精度，需要进行精细的数据处理，包括归一化、标准化、分箱等，这些都要耗费较多的人力和物力。

3.3　GAMI-Net 模型

由于传统的广义加性模型其精度可能不高，且有时难以找到合适的光滑函数 $s_j(\cdot)$，因此其应用范围还不够广。Zebin Yang 和 Aijun Zhang 于 2020 年基于广义加性模型提出了 GAMI-Net 模型，GAMI-Net 模型在广义加性模型的基础上，引入了将神经网络与特征交互的信息，同时增加了稀疏性、遗传限制和边界清晰度 3 个准则，这使得模型的精度和解释性得到了进一步的提高。GAMI-Net 目前已经开源，网址为 https://

github.com/ZebinYang/gaminet。本节将主要介绍 GAMI-Net 的模型定义、为增加解释而提出的 3 个准则、实现算法、解释性分析，及其优势与不足之处。

3.3.1 模型定义

GAMI-Net 的全称是 An Explainable Neural Network based on Generalized Additive Models with Structured Interactions，这是一种基于广义加性模型的可解释神经网络，同时还带有结构化交互特征的信息。传统的广义加性模型对每个特征都会拟合一个光滑函数 $s_j(X_j)$，再将各个 $s_j(X_j)$的结果加总得到最终的输出结果，$s_j(X_j)$可以描述特征 X_j 和响应变量 Y 之间的非线性关系，但是传统的广义加性模型精度通常不够高。

Hornik 于 1991 年提出的泛逼近定理(Universal Approximation Theorem)表明，神经网络具有非常强大的拟合能力，只要选择合适的层数、节点数和激活函数，神经网络就可以无限逼近任意有界连续函数。从理论上讲，神经网络能描述 X 和 Y 之间的线性和非线性关系，而且根据泛逼近定理给出的神经网络的强大拟合能力，神经网络通常比加性模型中的光滑函数 $s_j(X_j)$更能捕捉到 X 和 Y 之间的真实关系，即神经网络精度通常会更高。我们可以使用神经网络 $h_j(X_j)$替换传统广义加性模型中每个特征对应的光滑函数 $s_j(X_j)$，得到如下“基于神经网络的广义加性模型”：

$$g(E(Y|X))=\mu+\sum_{j=1}^{d}h_j(X_j) \tag{3-21}$$

式(3-21)中的 $g(\cdot)$称为连接函数(Link Function)，满足平滑可逆的条件；μ 表示截距项；$h_j(X_j)$表示每个特征 X_j 对应的神经网络，使用梯度下降法进行求解。式(3-21)的结构如图 3-10 所示。

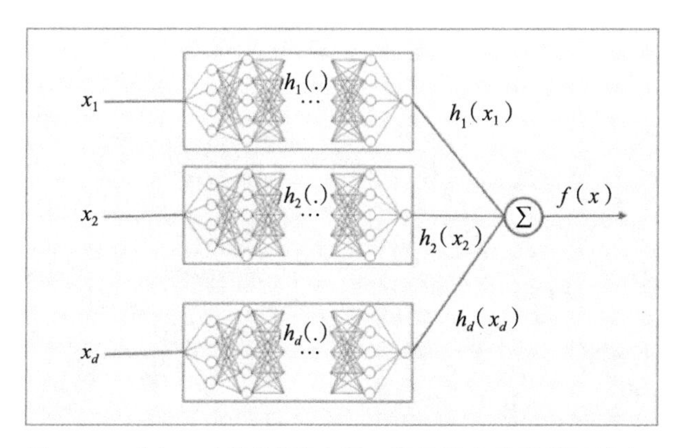

图 3-10　式(3-21)结构图(来源：©香港大学张爱军博士)

式(3-21)将传统广义加性模型中每个特征对应的光滑函数替换为神经网络，这能提高模型的精度，但是有时特征之间的交互作用对模型结果可能会产生较大的影响。为了进一步提升模型精度，在式(3-21)的基础上加入特征的交互信息，即可得到 Zebin Yang 和 Aijun Zhang 于 2020 年提出的 GAMI-Net：

$$g(E(Y|X))=\mu+\sum_{j\in S_1}h_j(X_j)+\sum_{(j,\ l)\in S_2}f_{jl}(X_j,\ X_l) \tag{3-22}$$

式(3-22)中的 μ 表示截距项；S_1 表示单个特征的集合；S_2 表示两两特征交互项的集合；$h_j(X_j)$是单个特征 X_j 与响应变量 Y 的关系，由一个神经网络表示，称为“主效应”(main effect)；$f_{jl}(X_j,\ X_l)$是特征 X_j 和特征 X_l 的交互项效应与响应变量的关系，由一个神经网络表示，称为“成对交互项效应”(pairwise interactions)；GAMI-Net 使用梯度下降法进行求解。式(3-22)的结构如图 3-11 所示。

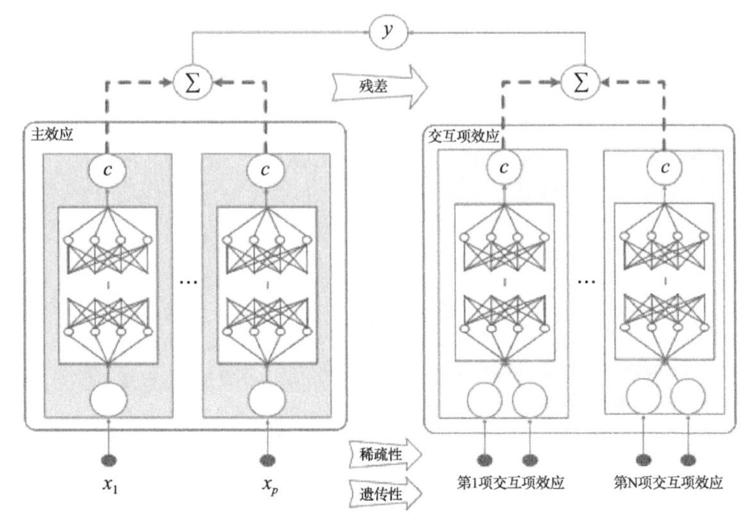

图 3-11 GAMI-Net 结构图(来源：https://arxiv.org/abs/2003.07132)

3.3.2 GAMI-Net 的 3 个重要准则

为了提高模型的解释性，GAMI-Net 在模型的构造过程中加入了 3 个准则：稀疏性、遗传限制和边界清晰度。稀疏性主要是因为精简的模型比含有冗余特征的模型具有更好的解释性，所以 GAMI-Net 只会保留重要的主效应和交互项效应，模型会剔除冗余的不重要特征；遗传性是指 GAMI-Net 只会保留稀疏性准则筛选后保留的主效应所产生的交互项效应，模型同样也会剔除冗余的不重要特征所产生的交互项效应；边界清晰度主要是指基于神经网络产生的交互项效应信息中，可能会包含单个特征的效应，所以应当将单个特征的影响从交互项效应的子网络输出结果中剔除。

在正式介绍 GAMI-Net 的 3 个准则之前，我们先来介绍一下 Functional Anova Representation 的思想。在 Functional Anova Representation 中，给定一个可积函数 $g(\cdot)$，以及 S 个

特征($X=X_1$，X_2，…，X_S)，则 $g(X)$可以表达为如下形式：

$$g(X)=g_0+\sum_j g_j(X_j)+\sum_{j<l} g_{jl}(X_j, X_l)+\cdots+ g_{1,\cdots,S}(X_1, \cdots, X_S) \tag{3-23}$$

式(3-23)有着很好的解释性，其中，g_0 是一个常数，表示平均效应；$g_j(X_j)$表示 X_j 的效应；$g_{jl}(X_j, X_l)$表示 X_j 和 X_l 的交互项效应，可以进一步得到如下结论：

$$\int g(X)\mathrm{d}X=g_0 \tag{3-24}$$

$$\int g(X)\prod_{k\neq j}\mathrm{d}X_k=g_0+g_j(X_j) \tag{3-25}$$

$$\int g^2\mathrm{d}X=g_0^2+\sum_j\int g_j^2(X_j)\mathrm{d}X_j+\sum_{j<l}\int g_{jl}^2(X_j, X_l)\mathrm{d}X_j\mathrm{d}X_l+\cdots+\int g_{1,\ldots,S}^2(X_1, \cdots, X_S)\mathrm{d}X_1, \cdots, \mathrm{d}X_S \tag{3-26}$$

$$D_{j_1,\ldots,j_S}=\int g_{j_1,\ldots,j_S}^2(X_{j_1}, \cdots, X_{j_S})\mathrm{d}X_{j_1}, \cdots, \mathrm{d}X_{j_S} \tag{3-27}$$

$$D=\sum_{k=1}^{S}\sum_{j_1<\cdots<i_k}D_{j_1,\ldots,j_k}=\int g^2\mathrm{d}X-g_0^2 \tag{3-28}$$

这里只对 Functional Anova Representation 的思想做一些介绍，具体的证明和细节可以参考 Sobol 发表的几篇相关论文(1993、2001、2003)。

1. 稀疏性

与含有冗余的不重要特征相比，精简的模型往往拥有更好的解释性，所以 GAMI-Net 加入了稀疏性准则来剔除冗余的不重要特征，只保留重要特征。GAMI-Net 通过每个主效应和交互项效

应所能解释的变异程度(variation)，来衡量各个主效应和交互项效应的贡献，这里的变异程度是通过式(3-27)介绍的方法来量化的，主效应的变异程度$\|h_j\|_2$和交互项效应的变异程度$\|f_{jl}\|_2$：

$$\|h_j\|_2=\int h_j^2(X_j)\mathrm{d}X_j \tag{3-29}$$

$$\|f_{jl}\|_2=\int f_{jl}^2(X_j, X_l)\mathrm{d}X_j\mathrm{d}X_l \tag{3-30}$$

2. 遗传限制

为了精简模型从而提高模型的解释性，GAMI-Net 只会保留重要的主效应和交互项效应，由于交互项效应是通过主效应产生的，因此如果不加以限制的话，不重要的冗余特征也可能会产生交互项效应，这样一来模型的主效应和交互项效应之间的层次结构(hierarchical structure)就会变得很混乱，从而使模型结构的解释性变差。为此，GAMI-Net 使用了遗传限制(Heredity Constraint)准则，使得只有经过稀疏性准则筛选后的重要特征才能产生交互项效应，从而避免这一问题。

遗传限制可分为强遗传性(strong heredity)和弱遗传性(weak heredity)两种：强遗传性是指基于两个主效应产生的交互项效应所对应的两个主效应都是重要特征；弱遗传性是指基于两个主效应产生的交互项效应所对应的两个主效应中至少有一个是重要特征。GAMI-Net 使用的是弱遗传性限制。

3. 边界清晰度

当我们使用神经网络刻画特征交互项效应与Y之间的关系时，如果不对子网络的输出结果加以限制，那么子网络的输出结果很可能会带有单个特征的信息。例如，当交互项效应来源于X_j和X_l时，即交互性对应的子网络输入值为X_j和X_l时，子网络的输出结果所包含的信息如图 3-12 所示。

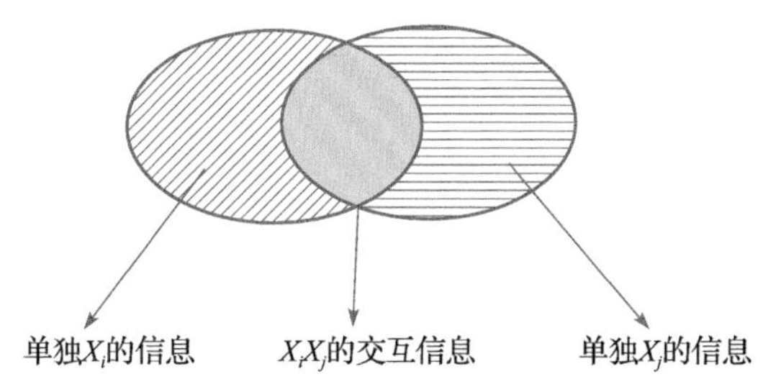

图 3-12　交互项效应子网络输出结果包含的信息示意图

从图 3-12 中我们可以看到，子网络的输出结果中不仅包含了(X_j, X_l)的交互项效应的信息，还可能包含单独 X_j 和单独 X_l 的信息，这会导致模型的主效应和交互项效应的结果在解释性上混淆在一起。基于 Functional Anova Representation 的思想，GAMI-Net 对主效应和交互项效应加入了边界清晰度(Marginal Clarity)准则，以提高模型的解释性。

这里需要将 GAMI-Net 中主效应和交互项效应对应的每个子网络都视作式(3-23)中的 $g(X)$。对于主效应(假设来源于特征 X_j)，将每个主效应对应的子网络视作式(3-23)中的 $g(X)$，此时，$g(X)$中的变量只有 X_j，从而有：

$$g(X)=g(X_j)=g_0+g_j(X_j) \tag{3-31}$$

为了获取特征 X_j 的效应 $g_j(X_j)$，GAMI-Net 将每个主效应子网络的输出值 $g_j(X_j)$减去其输出值的均值 g_0，即 $g_j(X_j)=g(X_j)-g_0$，从而使得主效应的值更加“纯净”，模型的解释性也变得更高。

对于交互项效应(假设来源于特征 X_j 和 X_l)，将每个交互项效应对应的子网络视作式(3-23)中的 $g(X)$，此时 $g(X)$中的变量只有 X_j 和 X_l，从而有：

$$g(X)=g(X_j, X_l)=g_0+g_j(X_j)+g_l(X_l)+g_{jl}(X_j, X_l) \tag{3-32}$$

为了获取特征 X_j 和 X_l 的交互项效应 $g_{jl}(X_j, X_l)$，我们需要将每个交互项效应子网络的输出值 $g(X_j, X_l)$ 减去 g_0、$g_j(X_j)$ 和 $g_l(X_l)$。为此，GAMI-Net 首先分别计算了交互项效应的两个边际均值（marginal mean）$\int g(X_j, X_l)\mathrm{d}X_j$ 和 $\int g(X_j, X_l)\mathrm{d}X_l$，根据式(3-25)有：

$$\int g(X_j, X_l)\mathrm{d}X_j = g_0 + g_l(X_l) \tag{3-33}$$

$$\int g(X_j, X_l)\mathrm{d}X_l = g_0 + g_j(X_j) \tag{3-34}$$

最后，将交互项效应输出值 $g(X_j, X_l)$ 减去两个边际均值，再加上交互项效应子网络的总体均值 g_0，就可以得到“纯净”的交互项效应 $g_{jl}(X_j, X_l)$。这一运算过程如下：

$$g(X_j, X_l) - \int g(X_j, X_l)\mathrm{d}X_j - \int g(X_j, X_l)\mathrm{d}X_l + g_0 = g_{jl}(X_j, X_l) \tag{3-35}$$

根据边界清晰度原则，GAMI-Net 中每个主效应子网络得到的结果只包含对应特征的效应，每个交互项效应子网络得到的结果只包含对应交互项的效应，这就避免了主效应和交互项效应在解释性上产生混淆，从而使得 GAMI-Net 得到的结果具有更好的解释性。

3.3.3 实现算法

GAMI-Net 使用基于梯度下降的两阶段法来训练模型，考虑到模型中包含主效应和交互项效应，而在遗传限制准则下，只有经过稀疏性准则筛选后的重要特征才能产生交互项效应，所以主效应和交互项效应很难同时训练。实现 GAMI-Net 的训练过程分为两步：①先训练主效应，并保留重要的主效应；

②将基于第①步得到的残差作为响应变量，以重要的主效应作为父代产生子代，基于子代训练交互项效应，并保留重要的交互项效应。训练过程的算法具体如下：

Algorithm 1：Pairwise Interaction Filtering

Require：Training data，S_1(重要的主效应集合)和 N(成对交互项数量的最大数)

1：计算主效应的预测残差

2：**for** Each $j \neq l$，$j \in S_1$ or $l \in S_1$ **do**

3：通过浅层树状模型估计交互项(j，l)的强度(strength)

4：在 X_j 上找一个切点 c_j，使用贪心算法在 X_l 上寻找两个切点，这两个切点一个比 c_j 大，另一个比 c_j 小

5：在 X_l 上找一个切点 c_l，使用贪心算法在 X_j 上寻找两个切点，这两个切点一个比 c_l 大，另一个比 c_l 小

6：根据残差设置强度(strength)的最小误差值

7：**end for**

8：对估计出来的所有交互项进行排序，保留最好的前 N 项

Algorithm 2：GAMI-Net Training Algorithm

Require：Training data；k_1，k_2；N (成对交互项数量的最大数)

1：训练所有的主效应子网络

2：通过子网络的重要性，选出最好的 k_1 个子网络

3：对挑选的子网络进行微调

4：通过算法 1 寻找重要的交互项网络

5：训练交互项子网络

6：通过交互项网络的重要性，选出最好的 k_2 个交互项子网络

7：对挑选的交互项子网络进行微调

3.3.4 模型解释性

GAMI-Net 是一个内在可解释模型，不仅精度比较高，其解释性也比较好，本节以一个案例的形式分析 GAMI-Net 的解释性，案例中的数据包含 10 个特征（X_1，X_2，…，X_{10}），响应变量 Y 是连续的，这是一个回归问题。我们使用 GAMI-Net 对案例数据进行分析，结果如下所示。

1. 全局解释性

GAMI-Net 通过评估每个主效应和交互项效应所能解释的变异程度（variation），来衡量各个主效应和交互项效应对 Y 的影响程度。这里使用重要率（Importance Ratio，IR）来衡量各个特征和交互项效应的重要性，如下：

$$IR(j)=\|h_j\|_2/T \tag{3-36}$$

$$IR(j, l)=\|f_{jl}\|_2/T \tag{3-37}$$

其中，$T=\sum_{j\in S_1}\|h_j\|_2+\sum_{(j, l)\in S_2}\|f_{jl}\|_2$（相当于式(3-28)中的 D），$IR(j)$表示第 j 个主效应的 IR 值，$IR(j, l)$表示特征 j 和特征 l 交互项效应的 IR 值。所有 IR 值之和为 1，IR 值越大意味着该特征或交互项效应越重要。

GAMI-Net 的全局解释可以通过可视化的方式很好地展现出来，GAMI-Net 的开源库可以输出 X 和交互项效应与 Y 之间的变化关系图，例图如图 3-13 所示。

通过图 3-13 我们可以看到：①基于稀疏性准则和遗传限制准则，GAMI-Net 只保留了部分重要特征（X_2、X_6、X_3、X_4、X_1、X_5）和部分重要交互项（X_5&X_6、X_3&X_4），并且按重要性大小降序后再输出，每个子图的上方都标注了各个主效应和交互项效应的重要程度；②GAMI-Net 能展示各特征和各交互

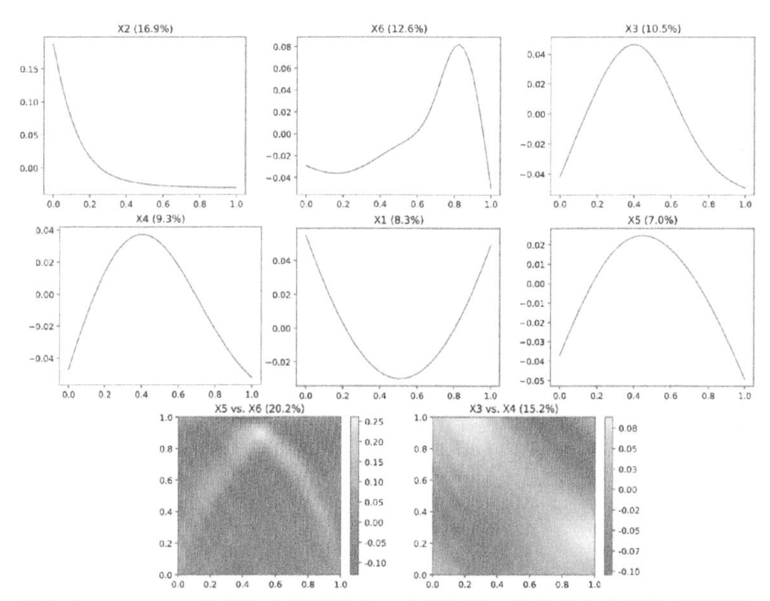

图 3-13　GAMI-Net 特征和交互项效应与响应变量之间的变化关系图(见彩插)

项效应的不同取值是如何影响模型结果的，其中，主效应表示单个特征的影响，变化关系是一条曲线，而交互项效应则表示两个特征的影响，变化关系是一个曲面。如图 3-14 左上角的子图所示，随着 X_2 的增加，Y 不断减小，但是 Y 的减小速度是先快后慢，X_2 的重要性是子图上方标识的 16.9%。

2. 局部解释性

GAMI-Net 可以从局部解释的角度给出每个样本预测结果的成因。通过 GAMI-Net，我们可以地清楚看到，在各个样本的预测结果中，来自各个特征的影响 $h_j(X_j)$ 与来自各个交互项效应的影响 $f_{jl}(X_j, X_l)$ 分别是多少，这能为我们理解各样本预测结果的成因提供很好的解释。

GAMI-Net 的局部解释性还可以通过可视化的方式很好地

展现出来。GAMI-Net 的开源库可以输出各个样本预测结果的成因图，例图如图 3-14 所示。

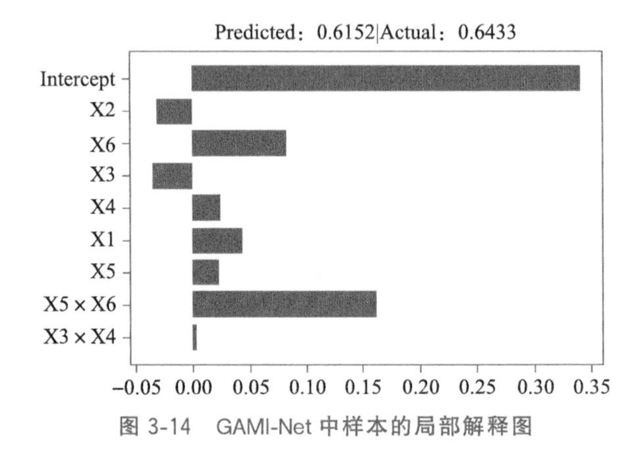

图 3-14 GAMI-Net 中样本的局部解释图

通过图 3-14 我们可以看到，各个特征是如何影响这个样本的预测结果的：①可以通过图片最上方的两组数值查看预测结果的正确性，即实际值为 0.6433，模型的预测结果为 0.6152，残差为 0.0281，这说明该样本的预测效果比较好；② X_2 会对预测结果产生负向影响，影响值为−0.03，X_5 和 X_6 的交互项会对预测结果产生最大正向影响，影响值是 0.08。

3. 案例代码

本案例所用的 Python 代码如下所示，其中，GAMI-Net 库目前已经开源，开源网址为：https://github.com/ZebinYang/gaminet。

```
import numpy as np
import tensorflow as tf
from sklearn.preprocessing import MinMaxScaler
from sklearn.model_selection import train_test_split
from gaminet import GAMINet
from gaminet.utils import local_visualize
from gaminet.utils import global_visualize_density
```

```
from gaminet.utils import feature_importance_visualize
from gaminet.utils import plot_trajectory
from gaminet.utils import plot_regularization

#数据预处理。
def metric_wrapper(metric, scaler):
    def wrapper(label, pred):
        return metric(label, pred, scaler=scaler)
    return wrapper
def rmse(label, pred, scaler):
    pred=scaler.inverse_transform(pred.reshape([-1, 1]))
    label=scaler.inverse_transform(label.reshape([-1, 1]))
    return np.sqrt(np.mean((pred - label)** 2))

def data(meta_info):
    data=pd.read_csv("data.csv")
    x, y=data.iloc[:,0:-1].values, data.iloc[:,[-1]].values
    x=(np.sign(x).values * np.log10(np.abs(x)+1))
    xx=np.zeros(x.shape)
    for i, (key, item) in enumerate(meta_info.items()):
        if item['type']=='target':
           sy=MinMaxScaler((0, 1))
           y=sy.fit_transform(y)
           meta_info[key]['scaler']=sy
        else:
           sx=MinMaxScaler((0, 1))
           sx.fit([[0], [1]])
           x[:,[i]]=sx.transform(x[:,[i]])
           meta_info[key]['scaler']=sx
    train_x, test_x, train_y, test_y=train_test_split(x, y)
    return train_x, test_x, train_y, test_y , meta_info,\
metric_wrapper(rmse, sy)

meta_info={'X1':{"type":'continuous'},
           'X2':{'type':'continuous'},
           'X3':{'type':'continuous'},
           'X4':{'type':'continuous'},
           'X5':{'type':'continuous'},
           'X6':{'type':'continuous'},
```

```
             'X7':{'type':'continuous'},
             'X8':{'type':'continuous'},
             'X9':{'type':'continuous'},
             'X10':{'type':'continuous'},
             'Y':{'type':'target'}}
train_x, test_x, train_y, test_y, meta_info, get_metric =data
    (meta_info)

#建模。
model=GAMINet (meta_info=meta_info,
              interact_num=20,
              interact_arch=[20, 10],
              subnet_arch=[20, 10],
              task_type='Regression'
              activation_func=tf.tanh,
              batch_size=min(500, int(0.2*train_x.shape[0])),
              lr_bp=0.001,
              main_effect_epochs=2000,
              interaction_epochs=2000,
              tuning_epochs=50,
              loss_threshold=0.01,
              verbose=True,
              val_ratio=0.2,
              early_stop_thres=100)
model.fit(train_x, train_y)
val_x=train_x[model.val_idx, :]
val_y=train_y[model.val_idx, :]
tr_x=train_x[model.tr_idx, :]
tr_y=train_y[model.tr_idx, :]
pred_train=model.predict(tr_x)
pred_val=model.predict(val_x)
pred_test=model.predict(test_x)
gaminet_stat=np.hstack([np.round(get_metric(tr_y, pred_train),5),
                     np.round(get_metric(val_y, pred_val),5),
                     np.round(get_metric(test_y, pred_test),5)])

dir="./results/"#保存图片结果的路径。
#全局解释性图。
data_dict=model.global_explain(save_dict=False)
```

```
global_visualize_density(data_dict,
                         save_png=True,
                         folder=dir,
                         name='global')
#局部解释性图,这里将画出第1个样本的局部解释图。
data_dict_local=model.local_explain(train_x[[0]], train_y[[0]],
                                    save_dict=False
local_visualize(data_dict_local,
                save_png=True,
                folder=dir,
                name='slocal')
```

3.3.5 模型的优势与不足

GAMI-Net 的优势主要体现在以下两个方面：①与传统广义加性模型相比，GAMI-Net 使用了神经网络替换传统广义加性模型中每个特征项对应的光滑函数 $s_j(X_j)$，并且在模型中加入了各特征之间的交互项，精度更高；②与 EBM 相比，GAMI-Net 模型增加了稀疏性、遗传限制和边界清晰度这 3 个准则，解释性可能会更好。

GAMI-Net 的不足之处主要体现在以下两个方面：①使用之前，特征需要进行归一化处理，操作起来没有树模型简便；②训练过程比较耗时。

3.4 RuleFit 模型

Friedman 和 Popescu 于 2008 年提出了 RuleFit 模型，先用树模型(如决策树、GBDT)对所有特征进行拟合，再提取树模型中的规则，当作 f_m。这相当于构造新的特征来拟合线性模型。RuleFit 模型通过规则抓取到特征之间的交互信息，其在精度上相比一般的线性模型有所提升。此外，树模型规则和线性模型天然具有可解释性，所以 RuleFit 的解释性也是极好的。目前，Github 上已有开源的 RuleFit 包，网址为 https://github.com/christophM/rulefit。本节将主要介绍 RuleFit 的模型定义、规则结构、实现算法、基于规则的模型解释性及模型的优劣。

3.4.1 模型定义

RuleFit 可将树模型中的规则融入到集成学习模型之中。先从复杂模型中找到重要的规则，将其当成新的变量入模以训练模型。由于规则具有天然的可解释性，因此该 RuleFit 模型可以归入到内在可解释模型中。拟合一次集成树模型之后，RuleFit 加入了规则变量的信息；同时还可以酌情加入线性特征部分。在精度上，RuleFit 也有所提升。从解释性的角度来看，模型结构也是很容易理解的。

简单来说，RuleFit 主要包括两种模型，分别是 Rule Based Model 和 Rule&Linear Based Model。后者是前者的升级版，适用于低信噪比的数据集。

Rule-basedmodel 的目标函数为：

$$F(X)=a_0+\sum_{k=1}^{K}a_k r_k(X) \tag{3-38}$$

$r_k(X)$代表的是第 k 条规则。显而易见，该目标函数与上文描述的集成学习模型的形式是相似的。而关于模型参数的估计则与线性模型参数的估计是一样的，最终 $K+1$ 个系数是通过最小化损失函数加正则化而得到的。

而 Rule & Linear Based Model 则是在规则的基础上，再加上原始特征(假设有 N 个特征)入模，目标函数变为：

$$F(X)=a_0+\sum_{k=1}^{K}a_k r_k(X)+\sum_{j=1}^{N}b_j X_j \tag{3-39}$$

求解模型中的系数 a_k（$k=1, 2, \cdots, K$），b_j（$j=1, 2, \cdots, N$），也是在最小化损失函数中加入 $L1$ 正则化来求解。

3.4.2　规则提取

由于本章介绍的 RuleFit 模型使用的特征变量是树模型的规则，因此这里有必要先讲解一下规则在树模型中是如何生成的，以及规则的表达形式。下面以训练好的一棵决策树模型为例来说明，如图 3-15 所示，从根节点到每个非根节点都会生成一条规则。

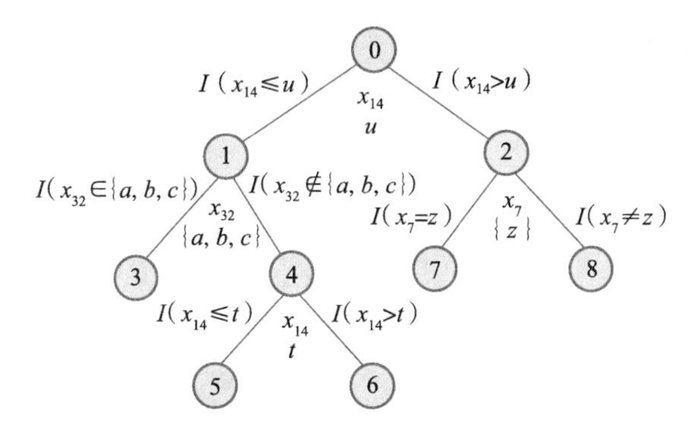

图 3-15　决策树的规则生成（来源：https://arxiv.org/abs/0811.1679）

从图 3-15 所示的决策树图例中我们可以看到，该决策树共有 9 个节点，8 条规则。

1）节点信息具体如下。

根节点（root node）：编号 0。

内节点（interior node）：编号 1、2、4。

叶子节点（leaf node）：编号 3、5、6、7、8。

不同的分裂节点，可能会使用相同的特征，但是分裂的阈值会有所不同。为了保证标记的唯一性，我们使用特征和阈值来共同定义。图 3-15 中有 4 个分裂节点，分别是（X_{14}，μ）、

$(X_{32}, \{a, b, c\})$、(X_7, z)和(X_{14}, t)。

2）规则信息具体如下。

规则的定义是，从根节点到任一非根节点（内节点或叶子节点）的一条路径可以看作一条规则。图 3-15 中共有 8 条规则，分别是：从节点 0 到节点 1，从节点 0 到节点 2，从节点 0 到节点 3，从节点 0 到节点 4，从节点 0 到节点 5，从节点 0 到节点 6，从节点 0 到节点 7，从节点 0 到节点 8。规则的具体表示如表 3-8 所示。

表 3-8 规则示例表

规则名称	起始节点	终止节点	规则变量的表示
规则 1	节点 0	节点 1	$I(X_{14} \leqslant \mu)$
规则 2	节点 0	节点 2	$I(X_{14} > \mu)$
规则 3	节点 0	节点 3	$I(X_{14} \leqslant \mu) \cdot I(X_{32} \in \{a, b, c\})$
规则 4	节点 0	节点 4	$I(X_{14} \leqslant \mu) \cdot I(X_{32} \notin \{a, b, c\})$
规则 5	节点 0	节点 5	$I(X_{14} \leqslant \mu) \cdot I(X_{32} \notin \{a, b, c\}) \cdot I(X_{14} \leqslant t)$
规则 6	节点 0	节点 6	$I(X_{14} \leqslant \mu) \cdot I(X_{32} \notin \{a, b, c\}) \cdot I(X_{14} > t)$
规则 7	节点 0	节点 7	$I(X_{14} > \mu) \cdot I(X_7 = z)$
规则 8	节点 0	节点 8	$I(X_{14} > \mu) \cdot I(X_7 \neq z)$

任意一条规则的通用表示形式是$r_m(X) = \prod_{s_{jm} \neq S_j} I(X_j \in s_{jm})$，根据节点分裂时使用的不同特征类型，使用不同形式的示性函数。

对于连续变量，其规则变量表示为$I(X_i \leqslant \mu)$或$I(X_i > \mu)$。对于只有两种取值的离散变量，其规则变量表示为$I(X_i = z)$或$I(X_i \neq z)$。对于有三种以上取值的离散变量，其规则变量表示为$I(X_i \in \{a, b, c\})$或$I(X_i \notin \{a, b, c\})$。

以节点 0 到节点 5 这条规则为例，该规则由 3 个分裂节点控制，分别是(X_{14}, μ)，$(X_{32}, \{a, b, c\})$和(X_{14}, t)。因

此该规则可以表示为 $r_m(X)=I(X_{14}\leqslant\mu)\cdot I(X_{32}\notin\{a, b, c\})\cdot I(X_{14}\leqslant t)$。即当样本 x 满足这条规则时，$r_m(x)$ 取 1，否则 $r_m(x)$ 取 0。

3.4.3　实现算法

RuleFit 相当于是拟合了两次模型，第一次是集成树模型，第二次是把衍生的特征当成新的变量，拟合线性回归模型。下面来看集成树模型的算法：

Algorithm：Ensemble Generation

Initialization：$F_0(X)=\text{argmin}_\alpha\sum_{i=1}^{n}L(y_i, \alpha)$

Iterate：**for** $m=1$ to M **do**：

$$p_m=\text{argmin}_p\sum_{i\in S_m(\eta)}L(y_i, F_{m-1}(x_i)+f(x_i; p))$$

$$f_m(X)=f(X; p_m)$$

$$F_m(X)=F_{m-1}(X)+\nu.f_m(X)$$

END：Ensemble$=\{f_m(X)\}_{m=1}^{M}$

该算法中使用的数据集有 n 个样本，损失函数记作 L，$F_0(X)$ 拟合的是 α_0。其后训练了 M 棵树，记为 $\{f_m(X)\}_{m=1}^{M}$。

训练完 M 棵树之后，从中提取全部 K 个规则，把每个规则当成一个新的变量，训练广义线性模型，关于具体参数的估计，通常使用梯度下降法来寻找最优参数，这里不再赘述。

3.4.4　模型解释性

用 $L1$ 正则化后得到的系数 $(a_k)_{k=0}^{K}$，$(b_j)_{j=1}^{N}$ 中，有些系数会变为 0，相当于做了变量选择。那么对于留下来的规则和特征，我们要如何看待模型的解释性呢？这里主要是从变量的局部重要性和全局重要性来看。

首先，我们看一下入模变量的全局重要性度量。入模变量可分为两个部分，一部分是规则变量，相当于是原始特征变量的衍生变量，一部分是线性特征变量。从全局的角度来看，变量重要性的计算依据为：

I(某变量)=|系数|·该变量的标准差

对于规则变量 $r_K(X)$，其服从二项分布 $B(1, p)$，该变量的方差为 $\mathrm{Var}(r_k(X))=p(1-p)$。例如，对于第 k 个规则 r_k，s_k 表示数据集中满足规则 r_k 的样本比例，相当于二项分布中的 p。根据定义可以得出 $s_k=\frac{1}{n}\sum_{i=1}^{n} r_k(x_i)$。从而可以得出：

$$I_k=|a_k|\cdot\sqrt{s_k(1-s_k)} \tag{3-40}$$

对于第 j 个线性变量，其重要性为 $I_j=|b_j|\cdot \mathrm{std}(X_j)$，$\mathrm{std}(X_j)$ 指的是 X_j 的标准差。

其次，我们还需要关注数据集的原始特征的局部影响力和全局影响力。从上文中，我们已经知道了如何计算入模变量的重要性。原始特征既可能存在于规则和变量中，也可能存在于线性基函数中。所以在计算原始特征的局部影响力的时候，局部影响力和全局影响力都需要考虑。用 $J_l(x)$代表单个样本 x 中第 l 个特征的局部重要性，如下：

$$J_l(x)=I_l(x)+\sum_{x_l \in r_k} I_k(x)/m_k \tag{3-41}$$

m_k 是第 k 个规则中涉及的特征总数目。即如果一个规则中涉及两个特征，则重要性同等分配。可以把所有样本的局部影响力相加得到全局影响力，即：

$$J_l(X)=\sum_{i=1}^{n} J_j(x^{(i)}) \tag{3-42}$$

上面的重要性分配方式，既可以抓取到规则中某些输入特征的重要性，也可以抓取到线性基函数中特征的重要性。

下面还是以银行数据集为例，训练好 RuleFit 模型之后，我们可以看到模型所使用的规则，以及对应的类型(type)、系数(coef)、支持度(support)、重要性(importance)。图 3-16 所示的是按照规则的重要性由高到低进行的排序，我们可以看到第一条规则由 4 个条件组成，是从树模型中抽取的规则，对应的系数是－0.766，support 为 0.6122，即数据集中有 61.22％的样本满足这条规则，最后的重要性分数为 0.3732。

rule	type	coef	support	importance
PAY_4 <= 1.0 & PAY_AMT1 > 1072.0 & PAY_2 <= 1.0 & PAY_0 <= 1.5	rule	-0.7660	0.6122	0.3732
PAY_3 <= 1.5 & PAY_AMT5 > 492.5 & PAY_0 <= 1.5	rule	-0.4473	0.5773	0.2210
PAY_0 <= 0.5 & PAY_0 <= 1.5	rule	-0.3880	0.7590	0.1660
PAY_0 > 1.5 & PAY_AMT5 <= 11038.0	rule	0.4450	0.1011	0.1341
EDUCATION <= 2.5 & PAY_0 > 1.5	rule	0.4708	0.0836	0.1303
PAY_5	linear	0.0895	1.0000	0.0938
PAY_AMT1 <= 1072.0 & PAY_0 <= 1.5 & PAY_4 <= 1.0 & PAY_2 <= 1.0 & AGE <= 46.5	rule	-0.2356	0.1429	0.0824
MARRIAGE	linear	-0.1236	1.0000	0.0615
PAY_0 > 1.5	rule	0.1993	0.1059	0.0613
SEX	linear	-0.1160	1.0000	0.0568
AGE	linear	0.0047	1.0000	0.0419
PAY_3	linear	0.0346	1.0000	0.0389
PAY_6	linear	0.0357	1.0000	0.0384
PAY_2 > 1.0 & PAY_0 <= 1.5	rule	0.1388	0.0729	0.0361
PAY_AMT5 <= 492.5 & PAY_3 <= 1.0 & PAY_0 <= 1.5	rule	-0.0432	0.2323	0.0182

图 3-16　RuleFit 的规则输出图

示例的实现代码具体如下，其中，rulefit 库是一个开源库，开源网址为 https://github.com/christophM/rulefit。

```
#读取数据。
import pandas as pd
import numpy as np
from rulefit import RuleFit

credit_data=pd.read_csv('creditcard.csv')
credit_data.fillna(0,inplace=True)
x=credit_data.iloc[:,1:23]
y=credit_data.iloc[:,-1]

#开始训练模型。
```

```
rf=RuleFit(tree_size=4, sample_fract=0.8, max_rules=20, memory_
    par=0.01, rfmode='classification')
rf.fit(x,y)
rules=rf.get_rules()
rules=rules[rules.coef !=0].sort_values("importance",
    ascending=False)
```

3.4.5 模型的优势与不足

Facebook 在 2014 年的时候曾提出算法 GBDT+LR 来解决二分类问题，并在工业场景中得到了很好的应用。GBDT+LR 其实是 RuleFit 中的一个特例，GBDT 是前面的集成树模型，LR 是后面的线性基函数，同时提取的规则只是从根节点到叶子节点的路径，不涉及内节点。

在 RuleFit 模型中，提取树模型产生的规则后，数据将会变得高维稀疏，此时再采用逻辑回归来拟合，效果会变得更好。具体的优势主要体现在以下两个方面。第一，逻辑回归算法比较简单，能够处理高维稀疏数据。但是人工难以找到合适的特征组合，所以 RuleFit 相当于是抓取了低阶及高阶的特征交互项，将数据高维化，使其线性可分。第二，集成树模型对连续特征的划分能力比较强，可以找到有区分性的特征和特征组合。在逻辑回归模型中，将连续特征离散化入模可以增强模型的稳健性。

虽然 RuleFit 相对于集成树模型而言，提高了可解释性和稳定性，但是其缺点也是显而易见的，主要体现在以下两个方面。第一，RuleFit 模型最后会产生很多规则，当模型中涉及很多特征的时候，也就是高阶交互时，解释性会大打折扣。同时，规则之间会出现重叠的现象，导致模型里存在很强的共线性，比如，模型产生的两个规则都是关于温度的，规则一是温度大于 10 摄氏度，规则二是温度大于 15 摄氏度且是好天气。第二，虽然原始论文中称 RuleFit 模型的表现很好，但是这个表现是不稳定的，用相同的数据集训练完可能会产生不同的规则，而且预测精度也比不上复杂模型。

3.5 Falling Rule Lists 模型

除了 3.4 节介绍的 RuleFit 模型之外，还有另一种由规则构成的模型——Falling Rule Lists 模型。该模型由 Futong Wang 和 Cynthia Rudin 于 2015 年提出，其内部也是由规则组成的。不同于传统的树模型产生规则的方法，Falling Rule Lists 是从关联分析的角度来挖掘规则，从而形成规则池。Falling Rule Lists 模型使用贝叶斯方法挑选规则，最后得到一个可以预测样本概率的规则列表。具体的实现代码可以从作者主页（https://users.cs.duke.edu/~cynthia/code.html）中找到。本节将从模型定义、模型参数估计、实现算法、模型的解释性，以及模型的优劣等方面进行介绍。

3.5.1 模型定义

机器学习领域中包括有监督学习、半监督学习和无监督学习等学习方式。有监督学习是最常见的一种学习方式，它的任务是在训练集上学习到一个模型，然后应用于测试集，最后输出对应的目标值。而这个模型的形式，可以是我们熟悉的目标函数，如 $Y=f(X)$，像逻辑回归模型、SVM、神经网络，以及 RuleFit 模型等，都是用来学习目标函数这种形式的。同时，这个模型也可以是条件概率分布形式 $P(Y=1|X)$。虽然二者的形式看起来很不相同，但是所解决的问题是相同的，即给定

测试集的特征，可以输出对应的目标值。

本节所要讲解的 Falling Rule Lists 模型，首先通过关联分析的方法挖掘出一个规则池，接着利用贝叶斯方法挑选规则，并确定最优模型参数，最后得到一个规则列表，对应的表现形式相当于是条件概率分布。可以看成是在满足某项规则的前提下，预测该样本取值为 1 的概率。规则列表的具体展示如表 3-9 所示。

表 3-9 Falling Rule Lists 规则列表示例

	关于特征的条件	预测样本为 1 的概率	支持度(数据集中有多少个样本满足这个条件)
IF	$X_1=1$ & $X_2>4$	0.58	570
ELSE IF	$X_5=1$	0.23	297
ELSE IF	$X_3=1$	0.15	493
ELSE		0.04	2 000

从表 3-9 所示的规则列表中，我们可以发现模型的一些属性，具体说明如下。

1）规则列表的长度为 3，因为有 3 条 IF 规则。

2）关于规则的标记，从上到下分别是 c_0、c_1 和 c_2。规则是从提前挖好的规则池中抽取的，每条规则中既可以包含一个条件，也可以包含两个条件，具体数目可自行设置，一般来说，不会超过 2。因为包含的条件数越多，说明里面的交互项越高阶，解释性就越差。

3）第三列是指在满足前面规则的样本中，被预测为 1 的概率是多少。从表 3-9 中可以看出概率是随着规则的增加而不断下降的，所以我们将其称为降序的规则列表，这也是该模型称为 Falling Rule Lists 的原因。

4）最后一列的支持度代表了在该数据集中有多少样本满足

前面的规则。例如，570代表数据集中有570个样本满足c_0；297代表数据集中有297个样本不满足c_0，但满足c_1里的规则；493代表数据集中有493个样本既不满足c_0，也不满足c_1，但满足c_2的规则；最后的2000代表有2000个样本不满足上面的规则留下的样本数。

3.5.2　模型参数估计

由于Falling Rule Lists学习的是规则列表，即一个条件概率分布，因此分布的参数需要被唯一确定。在这个规则列表中，需要设置如下参数。

1）L：列表的长度，只能取整数。

2）$c_l(\cdot)$：表示第l条规则，$c_l(\cdot)\in B_x(\cdot)l=0, 1, \cdots, L-1$，$B_x(\cdot)$是指规则池。

3）r_l：表示第l条规则的风险值，$r_l\in R$，$l=0, 1, \cdots, L$，并且满足$r_{l+1}\leqslant r_l$，即风险值从高到低排序。该值经过logistic函数会转换为预测为1的概率，即$Pr(Y=1)=\dfrac{e^{r_l}}{1+e^{r_l}}$。

所以，这个降序的规则列表的参数空间可以表示为$\{L, c_{0,\cdots,L-1}(\cdot), r_{0,\cdots,L}\}$。里面的参数是具有顺序依赖性的，我们首先需要确定规则列表的长度L，接着从规则池中寻找$c_{0,\cdots,L-1}(\cdot)$，以及风险值$r_{0,\cdots,L}$。当找到参数空间中的最优参数组合时，一个降序的规则列表也就确定了。估计最优的参数组合使用的是贝叶斯方法，接下来我们先简单介绍一下贝叶斯统计的基本思想。

不同于频率统计学派，贝叶斯统计解决问题的思路就像是打开了新世界的大门，直接从数据分布的参数入手。假设我们知道一个变量服从的分布是正态分布，即$N(\mu, \sigma^2)$。贝叶斯统计会认为里面的参数 μ 和 σ^2 也是随机变量，它们本身具有先验分布，相当于额外的信息。先验分布在加入样本信息之后，不断地“学习成长”，最终成为后验分布(如图 3-17 所示)。

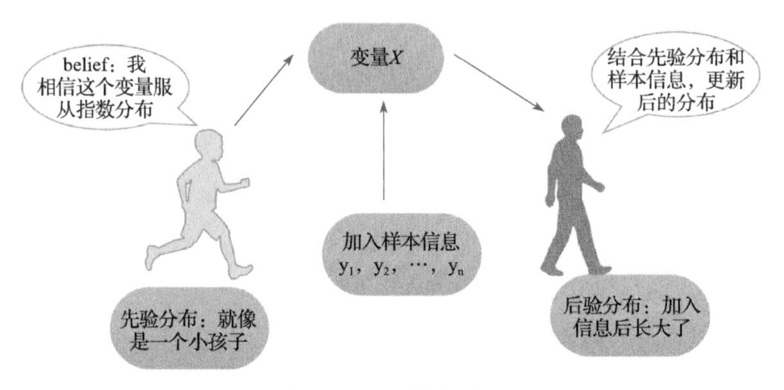

图 3-17 贝叶斯统计图

假设已知 μ 有一个先验分布，其密度函数为 $f(\mu)$。在已知 μ 的情况下，我们可以计算出数据集中 n 个样本(x_1，x_2，…，x_n)的似然函数(即 n 个样本一起出现的概率)，记为 $f(x_1, x_2, \cdots, x_n|\mu)$。最后会得到 μ 的后验分布，记为 $f(\mu|x_1, x_2, \cdots, x_n) \propto f(x_1, x_2, \cdots, x_n|\mu) \cdot f(\mu)$。对于不知道固定形式的后验分布，我们可以通过蒙特卡洛抽样来获得经验分布，最后选择概率最大的值作为 μ 的估计值，这个估计值称为 μ 的后验估计。

3.5.3 实现算法

Falling Rule Lists 也是沿着上面的逻辑，找到后验概率最大的参数组合，最终得到按照概率下降的规则列表。

规则列表的长度 L 的先验分布设定为服从泊松分布，$L \sim \text{Poisson}(\lambda)$。因为 L 为正整数，因此用泊松分布作为先验分布是合理的。对于 $c_{0,\cdots,L-1}(\cdot) \sim B$，规则池 B 是使用关联分析算法(可选 Apriori 算法)挖掘出来的众多规则，这些规则都是从已有的特征数据集中得到的。对于规则的抽样概率，既可以是随机抽样，也可以自定义权重。而对于风险值 $r_l \sim \mathrm{Gamma}(\alpha_l, \beta_l)$，伽马分布在贝叶斯统计中具有优良的性质。因为当先验分布是伽马分布时，后验分布也依旧是伽马分布，并且参数的变化服从一定的规律。

接下来，我们需要根据样本的信息更新参数，这里，样本的信息指的是似然函数，即在已知参数的取值下，所有样本一起出现的概率。在上述参数都已经确定的情况下，目标变量服从伯努利分布，即 $y_n \sim \mathrm{Bernoulli}(\mathrm{logistic}(r_{z_n}))$，其中，$z_n$ 代表该样本满足的第一个规则在降序规则列表中的编号，r_{z_n} 代表该条规则对应的风险值。

我们的目的是得到这些参数的后验估计，前面已经知道了参数的先验分布估计及似然函数的值。Falling Rule Lists 模型在找到最大后验概率估计的过程中，对上述的参数进行了再参数化和变量加强等操作(具体过程此处不再赘述)，即用更容易得到的新参数来生成上述的部分参数，这样更有利于后验采样。由于要更新的参数很多，所以对于不同的参数，后验采样使用的算法也不同，如 Gibbs sampling、Metropolis-Hastings sampling 等。最终得到的是有最大后验概率估计的 $\{L, c_{0,\cdots,L-1}(\cdot), r_{0,\cdots,L}\}$。拥有了这些参数集合之后，一个唯一的规则列表将会确定。

3.5.4 模型解释性

从模型结果的呈现形式来看，Falling Rule Lists 模型的表现形式是降序的规则列表，相当于已经展示了对样本的预测路径，自身具有强大的可解释性。树模型是通过选取基尼指数等评价指标来寻找分裂点，进而从训练好的树模型中挖掘规则。而 Falling Rule Lists 是以整个训练数据集为基础，通过关联分析挖掘规则，用贝叶斯方法找到最优参数。同时，规则列表是以离散概率分布的形式展现的，相当于天然地对训练集做了聚类，每类都有对应的条件及概率。

降序的规则列表本质上是基于规则的解释，满足相同规则的群体将有相同的预测概率，这使得模型的预测结果更具说服力。在预测的时候，在输入单个样本后，只需要检验该样本是否满足其中的某个规则即可，如果满足，就以那条规则后面的概率作为该样本的预测概率。

假设我们输入一个样本，最后得到模型预测为 1 的概率是 0.83。通过上面的降序规则列表，我们可以解密 Falling Rule Lists 预测样本的过程。首先，该样本中的特征 1 和特征 4 不同时满足 $X_1=1\&X_2>4$，接着我们发现该样本中的特征 5 取值为 1，满足第二条规则，所以最后得到预测为 1 的概率是 0.83。

3.5.5 模型的优势与不足

Falling Rule Lists 模型本身具有强大的可解释性。从降序的规则列表中，我们可以看到很多信息。第一，Falling Rule Lists 模型实现了聚类的效果，每一类都有具体的条件限制，并且后面将计算出对应的预测目标变量为 1 的概率，且概率是随着规则列表而下降的。我们可以清楚地看到，第一类的样本被预测为 1 的概率最大，所以可以将归入第一类的用户单独拿出来当作高价值用户。紧接着是第二类、第三类，每一类都可以拿出来，用特征作新的用户画像。第二，规则的因果性。因果关系本身就可以用作解释，加上规则，更能让模型使用者认识到，是因为什么样的规则导致了模型对该样本的预测概率。

同时，Falling Rule Lists模型也存在一些不足之处，首先令人无法忽视的是该模型的运行时间较长。当数据样本量很大、特征很多时，挖掘众多规则来形成规则池，需要花费很长的时间。第二，得到的预测概率值是离散的，就只有规则列表中的某几个值。而其他机器学习模型得到的预测概率则是近乎连续的，具有更多的可能性。第三，Falling Rule Lists模型对输入的变量有一定的要求，训练该模型之前，需要对数据集做一定的预处理才可以继续。输入时需要的是二元变量，如果是离散变量，则需要的是one hot encoding，或者称为哑变量。如果是连续变量，则需要进行分箱等操作，这会使得特征中的某些信息受损。

3.6　GAMMLI模型

GAMMLI全称为Generalized Additive Models with Manifest and Latent Interactions，即可解释显隐交互神经网络，该模型属于内在可解释模型，适用于推荐场景。

其思想来源于GAMI，在GAMI算法中，除了主效应之外，我们还需要考虑特征之间的交互项效应，然而该交互项效应仅作用于显式特征，但是我们在构造特征的过程中，由于种种原因，往往难以构造出包含所有信息的全面特征。在推荐场景中，由于其数据的高稀疏性，这种现象尤其明显，因此，我们除了显式特征之外，还引入了潜在交互项效应的抓取，以用于进一步提高模型的效果。

3.6.1 传统推荐算法的不足

自从推荐系统流行以来，无数的推荐算法如雨后春笋一般涌现出来，不过，现有的传统推荐算法大体主要分为基于内容的方法、基于协同过滤的方法，以及混合方法三大类。

（1）基于内容的方法

该方法通过匹配特定类型的用户与特定类型的产品来实现推荐，因此，该方法的假设前提是，用户会基于产品的特征来选择产品，这与现实的大多数场景相吻合。举个例子，风险承受度较高的人群，可能更偏好于股票的投资方式，风险承受度较低的人群，则更偏好于理财产品或定期的投资方式，这里就使用了产品的风险信息。

基于内容的方法最大的优点在于，可以解决用户冷启动的问题。由于基于协同过滤的方法依赖于用户和产品的交互信息，因此当系统中进入新用户或引入新产品时，新用户或新产品因为没有任何历史交互信息，而导致其无法进行正常预测。然而基于内容的方法，可以直接通过匹配新用户或新产品的自身信息来进行正常预测。

然而，基于内容的方法其缺点也很明显，其只能抓取共性信息，还是以上述投资的例子进行说明，对于风险承受能力较低的客户，虽然他们不愿意承担风险，但是在股市大涨的大环境下，他们也可能会选择购买股票，这时，如果特征的信息量不够强，推荐系统就会无法对这类人进行正确匹配。除此之外，对于个性化较强的领域，比如电影评分，一个人喜欢什么类型的电影往往与其特征没有强相关性，因为对电影的喜好众口不一，所以很难直接通过特征找出共性信息。在上述两种情况下（特征信息不足，数据个性化程度高），基于内容的方法往往会表现不佳。

(2) 基于协同过滤的方法

与基于内容的方法相反，基于协同过滤的方法不需要处理用户和产品本身的特征，其只依赖于用户和产品的历史交互信息。基于协同过滤的方法可以分为两类：基于记忆的方法和基于模型的方法。

基于记忆的方法，使用最广泛的代表是KNN(K Nearest Neighbours)算法，它通过使用邻近用户或产品的权重贡献来决定被预测者的相关情况。邻近的定义大多与相似度(包括余弦相似度、欧式距离等)有关。基于记忆的方法具体可分为基于用户的方法和基于产品的方法，其区别在于计算相似度的主体是用户还是产品。下面以基于用户的方法为例进行说明，还是以投资选择为例，A买过期货，B和C是与A最相似的两个用户，B买过股票和期货，C也买过股票和期货，这时我们可以预测A大概率会购买股票。该方法的表现受相似度计算的影响比较严重，除此之外，其在面对稀疏度极高的矩阵时表现效果往往不佳，但由于KNN算法适用于增量学习的特点，其在工业领域的线上推荐系统中有着自己天生的计算优势。

基于模型的方法其下又包含了很多方法，其中最成功的是矩阵分解(Matrix Factorization)。矩阵分解之所以适用于协同过滤，主要在于它可以将用户和产品作为向量嵌入到一个低维的潜在特征空间中，这些向量不仅包含可见的特征，同时也包含潜在的特征。该方法的优势在于精度较好，然而主要缺点是无法解决冷启动问题，因此在数据量极大的工业领域，往往难以得到直接应用，需要在进一步优化之后才能投入使用。

(3) 混合推荐

基于协同过滤的方法和基于内容的方法都有其各自的优

势，因此科学家将两种方法结合起来，以弥补它们各自存在的问题，于是就有了混合推荐。

现在，混合推荐主要有三种设计模式。第一种是集成方法（ensemble method），将混合模型的每个子部分视作黑盒模型，只是单纯地将其结果集成起来作最终结果预测，该方法类似于模型融合。第二种是整体方法（monolithic method），与集成方法不同，模型的不同部分引入不同的数据输入，在这种模式下，子模型并不能完全作为黑盒模型，需要进行一定程度的修改，该方法也是现今最流行的混合方法，现今很多主流的方法，例如 Deep & Wide 和 DeepFM 等都属于这种方法。第三种是混合方法（mixed method），同时输出不同子模型的结果，然后根据使用者不同的需求来获取适合他的推荐结果。

混合推荐的优点在于，相比于单推荐方法，其往往具有更好的精度，除此之外，使用整体方法通常还可以解决冷启动问题，因此其在工业界得到了广泛的应用。然而，混合推荐方法存在一个不容忽视的缺点，那就是因为模型结构较为复杂，从而使得整个模型丧失了可解释性；除此之外，虽然它可以解决冷启动问题，但由于其设置过于简单，在解决冷启动问题时，效果往往不够好。

3.6.2 交互项效应拟合方法

GAMMLI 的基础思想是在广义加性模型的基础上，添加显式交互和隐式交互，本节就来重点介绍交互项效应的拟合方法。

交互项效应包括显式的交互项效应和隐式的交互项效应两部分，对于显式的交互项效应，其基础思想与 GAMI-Net 模型对交互项效应的拟合类似，唯一的区别在于，在 GAMMLI 的显式交互项效应拟合中，我们将不再尝试所有的交互对，而是只考虑用户特征与产品特征之间的交互，这样做的好处是我们对交互项效应的界限变得更为清晰，对于显式层面的用户与用户的交互，实际上是参杂了产品的效应。具体来说，在抓取用户与用户的交互时，实际假设产品的影响为单一常数项，此假设与推荐场景往往是不相符的，因此我们限制用户与产品显式效应的交互，以保证只抓取不带假设常数项的二维效应，而对于更高维的效应抓取，则是通过隐式交互来获得的。

对于隐式交互项效应的拟合，我们对显式效应抓取后的剩余残差进行再次拟合，希望从用户 ID 与产品 ID 之间的交互关系中，挖掘出一定的交互模式，并尽量保留其可解释性。该过程使用了一种自适应软填充的方法来进行，下面就来具体介绍该方法。

3.6.3 自适应软填充

用户 ID 与产品 ID 之间的交互关系，一般认为是一个协同过滤的问题，传统方法中最常见的方法是使用矩阵分解的方法来解决，软填充技术就是矩阵分解技术中的一种，它通过迭代进行阈值或随机 SVD 分解，最终从原始缺失矩阵中得到三个完整的低秩矩阵。然而，传统的矩阵分解技术存在一个最大的问题就是，模型内部不可解释，对于分解矩阵，我们无法为其赋予任何实际意义。因此，我们提出了自适应矩阵分解，希望一方面能够提升模型的精度，另一方面能够为分解结果赋予一定的可解释性。

因为对于隐式交互来说，其表现特征为偏好，而我们认为偏好与用户的特征和产品的特征是存在一定的同质性的，即显式特征相似的群体，大概率其偏好也会存在一定的相似度，因此我们可以约束矩阵分解，使得到的潜在交互特征与显式特征保证同质性，从而赋予矩阵分解一定的解释性。除了可解释性之外，这样做的另一个好处就是可以解决冷启动问题，传统的矩阵分解由于其强烈依赖于历史交互信息，因此无法解决冷启动问题，而GAMMLI的自适应软填充可以很好地解决这个问题。

自适应软填充算法在保证数据同质性的同时，还能尽量保证分组的类内距离足够小，类间距离足够大；同时也可以解决冷启动问题，当需要预测一个新用户或新产品时，我们可以根据其主效应特征，成功找到其所属类别，将其所属偏好类别的平均中心作为其偏好值，这样便可以成功对其进行预测。实验证明该方法能够解决冷启动问题，相比于主流的混合方法，自适应软填充在精度上有一个较大的提升。使用仿真数据测试回归任务中冷启动效果的实验结果如表3-10所示。

表 3-10 冷启动精度结果

模型	Mae	Rmse	Std_mae	std_rmse
GAMMLI	1.277 25	1.465 26	0.378 65	0.293 42
SVD	3.666 29	4.135 20	0	0
XGBoost	1.340 04	1.520 00	0.262 39	0.256 85
deepfm	2.199 73	2.589 62	0.565 00	0.470 46
fm	1.926 46	2.335 26	0.641 72	0.777 08

自适应软填充算法的具体实现如下：

Ad hoc soft-impute:

输入：用户相关主效应数据 fu、产品相关主效应数据 fi、用户号 uid、产品号 iid、最大潜在空间维度 k、用户聚类初始个数 ngu、物品聚类初始个数 ngi、收缩尺寸 s、迭代次数 e、类内自适应强度 intras、类间自适应强度 inters、收敛阈值 c、初始化用户产品残差稀疏矩阵 $\boldsymbol{M}$。

1）对 fu 和 fi 分别进行聚类操作，类别数目分别为 ngu 和 ngi，得到初始用户及产品的所属组别信息 gu 和 gi。

2）循环 e 轮：

a) 通过 fast_RSVD 算法指定最大潜在空间维度 k 对稀疏矩阵 ***M*** 进行矩阵分解，得到分解矩阵 ***lu***、***ls*** 和 ***li***。

b) 对于每个分解矩阵，分别根据其组别信息 gu 和 gi 对向量进行分组后，计算组内平均中心 a1，以平均中心做高维空间球，其半径为类内自适应强度 intras 与类内最远距离的乘积，球的超平面即为约束边境，对于越出群组约束范围的向量，将其约束到范围边境，得到新的分解向量。

c) 重新计算每个类别的新平均中心 $a2$，分别计算各个类别间的平均中心的余弦相似度，将余弦相似度大于类间自适应强度 inters 的最近两个类别合并为同一类别。

3) 将新分解矩阵的维度削减 s，得到新低秩分解矩阵，并最终通过矩阵乘法得到复原矩阵。

4) 当：新复原矩阵与原矩阵的差异小于收敛阈值 c，循环终止。

5) 输出：复原矩阵。

3.6.4　模型解释性

与 GAMI-Net 算法类似，GAMMLI 模型同样可以得到全局及局部的主效应解释和交互项效应解释，此处就不做过多赘述了。除此之外，GAMMLI 模型可以对潜在效应给出可解释性，同样也是从两个方面进行解释，一方面是全局的潜在交互项效应解释，另一方面是局部的潜在交互项效应解释。

(1) 全局潜在交互项效应解释

根据全局潜在交互项效应，我们可以得知，每个潜在特征群体对于偏好的在意程度，以及每个群体之间的交互与目标变量之间的影响关系。如图 3-18 所示，该潜在特征在所有效应中的影响重要性为 43.47%。横轴代表产品群组，纵轴代表用户群组，从中我们可以看到各个群组内部的分层聚类情况，以及各个群组对于偏好的在意程度，颜色越黄(越浅)，表示其越关注偏好，反之，颜色越深则越不受偏好影响。中间的热力图，表示每个用户与产品群组交互的偏好情况，黄色表示强偏好，颜色越深表示越厌恶。

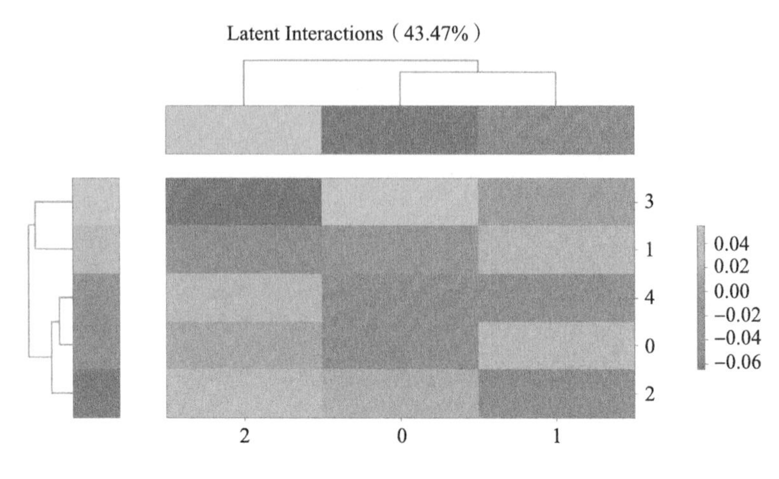

图 3-18 潜在效应全局可解释图(见彩插)

(2) 局部潜在交互项效应解释

与 GAMI-Net 模型的局部可解释图相似，现在除了显式特征对单个样本预测结果的影响之外，我们还加入了潜在效应对其的影响程度，从而对整个结果给出更全面的解释。在图 3-19 所示的局部解释中，潜在效应对于该样本是正向的影响，取值约为 0.33。

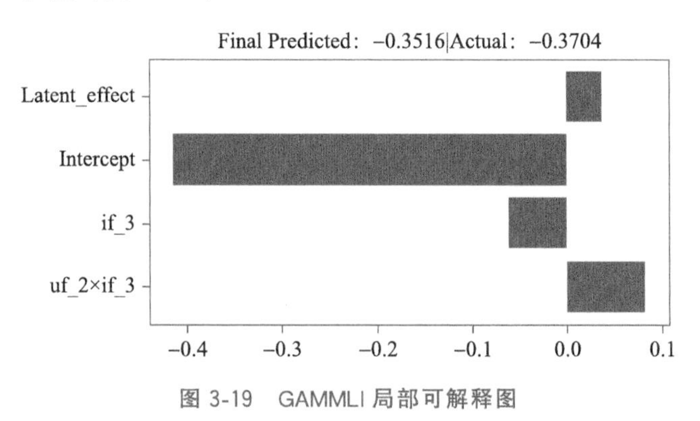

图 3-19 GAMMLI 局部可解释图

3.6.5　模型的优势与不足

GAMMLI 模型在整体上的优势主要体现在如下三个方面。

(1) 模型的精度优势

在已有的很多实验验证中，GAMMLI 模型的精度与复杂的深度混合模型一致，有时甚至拥有更强的泛化能力；而相较于简单的推荐算法模型，其往往拥有更好的精度效果。

(2) 模型的可解释优势

在传统推荐场景中，为了提高模型的精度，往往会使用复杂的模型，从而丧失了模型本身的可解释性，而可解释性对于模型的修改、业务的理解，以及提高用户的信任度等方面都具有重大的意义。

(3) 模型能解决冷启动问题

推荐领域一个最大的问题，就是冷启动问题，然而，对于一个正在快速增长的推荐系统来说，冷启动问题是无法避免的问题，而 GAMMLI 在解决冷启动问题方面有着优越的表现。

3.7　本章小结

本章主要介绍了内在的可解释模型，主要分为传统的统计模型和基于机器学习思路提出的新模型。

传统统计模型主要包括线性回归、广义线性模型、广义加性模型和决策树。每个模型都是从如下四个角度进行介绍的：①各个模型是如何定义的；②各个模型的实现算法（估计方法）；③结合案例对它们的解释性进行分析；④对每个模型的优势与不足进行小结。这些统计模型都拥有很好的解释性，但是精度通常都比较低，精度上难以满足大数据时代的要求。后续很多学者在这些传统解释模型的基础上提出了解释性很好且精度又很高的模型，即融合了机器学习思路的可解释模型。

机器学习思路的新模型主要包括了基于加性模型提出的EBM和GAMI-Net、基于规则提出的RuleFit和Falling Rule Lists，以及适用于推荐场景的GAMMLI。每个模型主要都是从如下四个角度进行介绍的：①模型定义和实现算法；②各个模型的创新点(重点)；③结合案例对它们的解释性进行分析；④对每个模型的优势与不足进行小结。这些新的可解释模型能够在保证拥有很好解释性的前提下，大幅提高精度，大大丰富了内在可解释模型这一领域。

第4章 Chapter 4

复杂模型事后解析方法

内在可解释机器学习模型本身虽然具有较好的解释性，但其在精度上依旧无法与复杂模型相媲美。在某些场景下，如果既想使用复杂模型，又想要模型的结果具有解释性，那么我们可以采用本章介绍的事后解析方法，弥补复杂模型难以被解释的不足。生物统计中常用的敏感性分析、数理统计中经典的PDP(Partial Dependence Plot，部分依赖图)和ALE(Accumulated Local Effect，累积局部效应)、合作博弈论中的公平分配贡献，以及近几年流行的新方法，如代理模型等，这些都可以用来做事后解析。

不得不使用黑盒模型时，科学家会在原有模型的基础上，运用各种事后解析方法，试图打开复杂模型的黑箱子，让模型使用者更好地理解箱子内部的运作机理。Marco Tulio Riberio、Sameer Singh和Carlos Guestrin于2016年提出了LIME(Local Interpretable Model-Agnostic Explanation，与模型无关的局部解释算法)的概念，即用代理模型的思想对单个样本的模型预测值进行解释。Scott M. Lunberg和Su-In Lee于2017年在NIPS会议(神经信息处理系统大会)上提出SHAP(Shapley

Additive Explanation）的概念，引入合作博弈论中的 Shapley Value 来计算样本中每个特征的贡献值，并以此作为局部解释。

本章首先会介绍基于特征的 PDP 和 ALE 方法，然后介绍 LIME 和 SHAP 等新颖的事后解释方法。

4.1 部分依赖图

在机器学习的发展过程中，挖掘数据之间线性关系的线性回归模型，在关系更为复杂的数据集上，其精度明显低于逐渐发展起来的现代模型，如支持向量机、随机森林、梯度增强算法，等等。然而，随着一系列现代黑盒模型在工业、金融、医疗等领域的部署和应用，这些黑盒模型在提升精度的同时，也导致了结果难以解释的问题：人们看不到模型内部的运作机理，对于模型给出的预测结果，不能进行有效的阐释。

随着银行业的各类营销场景和风控场景开始逐渐引入在精度上表现良好的黑盒模型，银行从业人员不仅想要在技术层面完成量化的硬性指标，更希望能从业务的角度，找到有效的营销设计点或风险敞口的落脚点，因此探求模型的预测结果与特征数据之间的具体联系至关重要。

部分依赖图于 2001 年由 Friedman 提出，是一种通过可视化图像方式挖掘数据之间关系的工具，将其应用在金融银行业，不仅可以直观地阐释预测结果与特征数据之间的关系，而且可以为模型诊断提供一种反馈机制。

4.1.1 部分依赖函数

假设在银行个人客户申请信用评分问题中，在完成了从数据清洗到模型构建的全部流程之后，我们得到了一份表现不错的客户未来一段时间内发生违约行为的概率评分结果。这时公司的业务人员除了得到这样一份评分结果之外，还想要获得一些能显著性区分客户未来发生违约概率大小的指标，以及如何使用这种指标构建一些规则，这样就可以在业务层面的筛选环节完成更优质客户的筛选工作，降低时间成本与经济成本。

部分依赖图所勾勒的预测结果与数据之间的关系，就可以为该业务人员提供他所要的指导信息。具体而言，部分依赖图所描绘的是，一或两个目标特征对于模型预测结果的边际影响，这种边际影响在图像上所反映出来的，就是目标特征对于预测结果的重要程度。

那么，如何才能反映这种关系呢？部分依赖函数提供了如下的实现方法指导：

$$f(X_S)=E_{X_S}[f(X_S, X_C)]=\int f(X_S, X_C)p(X_C)\mathrm{d}X_C \tag{4-1}$$

其中，f 是已经构建好的模型，其输出的是预测结果，X_S 与 X_C 分别代表我们希望探索关系的目标特征与非目标特征。从式(4-1)最右边的一项我们可以发现，部分依赖函数的本质就是对目标特征 X_S 求边际期望，若去掉 $p(X_C)$项，则所求得的就是目标特征 X_S 的边际分布。

对于部分依赖函数更通俗的解释是，在保证非目标特征与模型预测结果无关的情况下，找到目标特征与预测结果的关系。

4.1.2　估计方法

部分依赖函数这一数学工具体现的思想非常直观，但是在实际应用中直接套用这一公式其实是比较难的，因为很有可能

X_C 的大部分取值，都没有出现在我们有限的数据集中，从而无法直接计算积分。

在具体实现中，我们对目标特征的边际期望采用的估计方式为：

$$f(X_S) \approx \frac{1}{n}\sum_{i=1}^{n} f(X_S, X_C^{(i)}) \tag{4-2}$$

其中，n 为数据集中样本的数量，$X_C^{(i)}$ 为非目标特征的第 i 个样本的取值。

下面就来举例说明。如果有一组数据集中包含人的身高、年龄、体重三个特征，预测目标为饭量，我们想知道体重对于人饭量的影响，那么体重就是我们的目标特征 X_S，其他的特征就是非目标特征 X_C，根据式(4-2)，我们只需要将数据集中的年龄和体重取平均值（假设分别记为 $\overline{\text{age}}$ 和 $\overline{\text{height}}$），接下来，在固定 $X_C=[\overline{\text{age}}, \overline{\text{height}}]$ 的情况下，依次求得不同身高取值时模型对饭量的预测结果，就可以勾勒出身高与饭量的部分依赖图。

这里需要额外提醒的一点是，在勾勒图像时，关于身高的取值方式，我们可以采用数据集中的不同身高取值作为横坐标，如果数据集中的身高分布偏差较大，那么我们绘制出的图像可能会与真实关系存在较大的偏差，这里采用的方法一般是，选取数据集中身高的最大值与最小值，在其中切分出等距的若干个格点，作为横坐标，这样可以在很大程度上避免偏差。

不过这一案例本身也涉及了部分依赖图的一个假设，我们将在 4.1.3 节进一步探讨，更具体的实例演示也将在后文中给出。

通过式(4-2)这一估计方式的公式，我们可以更进一步发现，对于部分依赖函数中的 $p(X_C)$，假设特征 X_C 共有 T 种取值，

若 $X_C^{(t)}$ 这一特定取值在数据集中出现了 $c^{(t)}$ 次，则 $p(X_C^{(t)})=\frac{c^{(t)}}{n}$。换言之，在数据有限的情况下，部分依赖函数的形式可以变为：

$$
\begin{aligned}
f(X_S) &\approx \sum_{t=1}^{T} f(X_S,\ X_C^{(t)})p(X_C^{(t)}) \approx \sum_{t=1}^{T} f(X_S,\ X_C^{(t)})\frac{c^{(t)}}{n} \\
&= \frac{1}{n}\sum_{i=1}^{n} f(X_S,\ X_C^{(i)})
\end{aligned}
\tag{4-3}
$$

所以，在数据有限的情况下，若我们用特征值在数据集中出现的频率作为 p 的估算，其实就可以将部分依赖函数推导为式(4-2)。

在挖掘了估计方法的内在逻辑之后，我们还可以更进一步，我们所掌握的样本数量越多，对于 $p(X_C^{(t)})$ 通过 $\frac{c^{(t)}}{n}$ 的估计就会更加接近真实值，从而使得部分依赖图表现出的关系更加趋近于真实的关系。

4.1.3 部分依赖图的局限

作为一种可视化的描述方法，部分依赖图有一个非常明显的局限，就是其能反映的目标特征数量有限。受制于人类空间思维的局限，部分依赖图最多只能同时反映两个目标特征与预测结果的关系(两个目标特征可视化时反映为三维图像)，这样导致的问题是，当数据集的特征维度非常高时，我们若想挖掘各特征与预测结果的关系，那么遍历一次将会耗费大量的时间。

而第二个局限，其实是反映在部分依赖函数中。我们之前提到过，部分依赖函数本质上是在求解目标特征 X_S 的边际期望，这其中潜在的假设，是目标特征与非目标特征之间不具有相关性。若非目标特征与目标特征之间具有相关性，则在函数中反映出来的关系就变为：

$$f(X_S)=E_{X_S}[f(X_S, X_C)]=\int f(X_S, X_C(X_S))p(X_C(X_S))\mathrm{d}X_C \tag{4-4}$$

这样对 X_C 取积分就会无法排除非目标特征对于预测结果的影响，从而无法求取边际期望。若变量之间存在相关关系，则会导致在计算过程中产生过多的无效样本，估计出的值会比实际值偏高。

这里我们继续沿用 4.1.2 节提到的例子来说明这个问题，即求取人的体重与饭量之间的关系。不过，我们的数据中同时还包含了身高与年龄这两个特征，很明显，身高、年龄与体重是存在巨大相关性的，如果通过式(4-2)中提到的估算方式去计算体重与饭量之间的部分依赖函数，那么在等式的右边很可能就会出现“不可能出现的数据”，比如，一个身高 $X_S=$ 130cm 的孩子，在估算过程中会对应到 $X_C=$[100kg，40 岁]这样的成年人的数据。

有一种可视化工具可以避免这种不合理情况，该工具称为累积局部效应图，4.2 节将对其进行详细介绍。

4.1.4 个体条件期望图

前文中提到的部分依赖图实际上是一种对数据的全局解释，我们确定好非目标特征的值之后，探索单个或两个特征对预测结果的影响，部分依赖图并没有深入探索到单个样本的层面，因此我们需要借助另一个工具——ICE 图。

ICE 全称为 Individual Conditional Expectation，即个体条件期望，用于描述个体的特征在变化时其预测值的变化情况。个体条件期望图其实就是将关系的变化细化至样本层面的可视化工具。

我们将之前提到的估算方法式(4-2)稍加改变，就可以实现对个体条件期望图的勾勒：

$$f(X_S^{(j)}) \approx \frac{1}{n}\sum_{i}^{n} f(X_S^{(j)},\ X_C^{(i)}) \quad j \in \{1,\ 2,\ 3,\ \cdots,\ n\} \tag{4-5}$$

换言之，数据集中有多少个样本，我们就能得到多少个ICE曲线，而对这些曲线取平均值，得到的就是部分依赖图。

4.1.5 实例演示

本节所采用的例子相较于之前更为具体完善，该示例将展示如何实现部分依赖图与ICE图的可视化。为了使实例清晰易懂，免于繁杂的数据清洗和处理，我们在这里使用的是一组样本量较小的比特币数据集，该数据包含950个样本与17个特征，17个特征全部为数值型特征，且不存在缺失值，比特币价格(BitcoinPrice)是我们需要预测的 y。

为了满足在本节一开始提到的“为黑盒模型提供一定解释性”的观点，我们在这里使用XGBoost这一黑盒模型对数据进行建模，将数据集按照7:3分为训练集与测试集，使用模型默认参数，建模完成后，保存训练好的模型 f。

其中，变量bitcoin是我们所使用的数据集，由于此数据集的目标变量 y 为比特币价格，所以其属于回归问题，这里选用XGBRegressor()进行模型训练，代码如下：

```
import pandas as pd
import xgboost as xgb
#读取数据集,filepath为本地路径。
bitcoin=pd.read_csv('filepath/BitCoin.csv')
#指定数据集中的X与y,并划分训练集与测试集。
```

```
y=bitcoin['BitcoinPrice']
X=bitcoin.iloc[:,1:]
X_train,X_test,y_train,y_test=train_test_split(X, y,test_
    size=0.3,random_state=0)
#声明模型,并进行训练,xgb_reg就是我们后续需要反复使用的训练好的模型。
xgb_reg=xgb.XGBRegressor(random_state=1)
xgb_reg.fit(X_train,y_train)
```

在上面的代码中需要额外注意的一点是，在具有随机性的功能中，需要设定 seed 或 random_state，这样可以保证每次的运行结果都相同，从而方便后续的分析和比较。

下面我们就来绘制部分依赖图，这里选择的目标特征为区块大小(BlockSizeTot)，即我们想要探索这一特征对于比特币价格的影响，反映到图像上是怎样的。

回顾之前讲到的估计方法，首先我们计算除了区块大小(BlockSizeTot)和比特币价格(BitcoinPrice)之外所有特征的均值，记为 $\overline{X_C}$，接下来找到数据中区块大小的最大值与最小值，均匀地划分出格点，将每一个格点记为 $X_S^{(i)}$，最后通过训练好的模型，对所有格点与固定的 $\overline{X_C}$ 所组成的数据进行预测，即 $f(X_S^{(i)}, \overline{X_C})(i=1, 2, \cdots)$，预测结果与格点勾勒出的图像即为部分依赖图。实际操作代码如下：

```
import numpy as np
import matplotlib.pyplot as plt
import seaborn as sns
#对非目标特征求均值,并保存非目标特征名称,后续会用到。
XC_name=X.drop('BlockSizeTot',axis=1).columns
XC_mean=X[XC_name].mean().values
#找到数据中目标特征的最小值与最大值,进行格点化,这里的切分数量为1000。
XS_min,XS_max=bitcoin['BlockSizeTot'].min(),bitcoin['Block
    SizeTot'].max()
XS_grid=np.arange(XS_min,XS_max,(XS_max-XS_min)/1000)
#将切分好的目标特征与非目标特征的均值组成新的数据集。
```

```
#新数据集中所有非目标特征的取值都是固定的，即均值。
#目标特征的取值即所有格点值。
pdp_data=pd.DataFrame(np.tile(XC_mean,(1000,1)))
pdp_data.columns=XC_name
pdp_data.insert(loc=1,column='BlockSizeTot',value=XS_grid)
#用之前保存的模型预测新数据集的结果，以目标特征格点作为 x 轴，绘出部
 分依赖图。
preds=xgb_reg.predict(pdp_data)
fig=plt.figure(figsize=(16,8))
sns.lineplot(x=XS_grid, y=preds)
plt.xlabel('BlockSizeTot')
plt.ylabel('BitcoinPrice')
plt.title('PDP of BitcoinPrice against BlockSizeTot')
fig.savefig('bitcoin_pdp.PNG')
```

图 4-1 展示的是部分依赖图的结果。在假设区块大小与其他特征都是独立的前提下，我们可以看到，在 120 000MB～150 000MB 阶段，比特币的价格随着区块大小的增大而增大，但随后又随着区块的增大而减小，到了 210 000MB 之后又形成新的峰值。

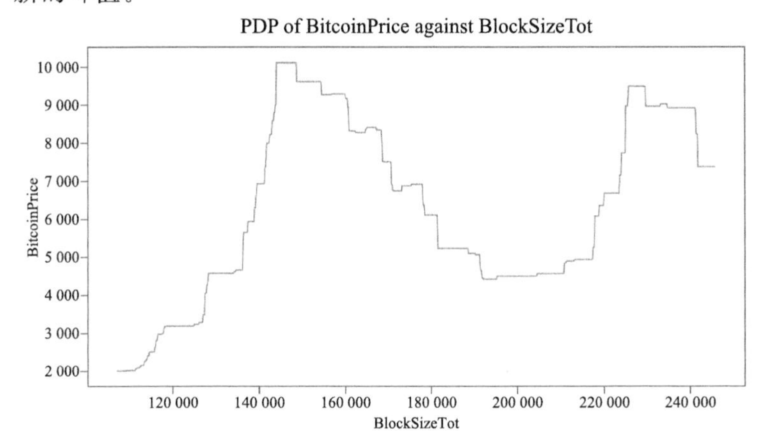

图 4-1　部分依赖图结果展示

部分依赖图为使用者直观地展示了特征与目标变量的关系，现在我们已经完成了比特币价格预测结果与区块大小这一特征的关系探索，但是这一关系展示的是区块大小的平均效应，此时若想了解某单一样本的取值情况，以及区块大小与比特币价格的关系，就需要用到 ICE 图。

绘制 ICE 图时，我们使用的模型依然是之前训练好的模型，这一点无须改变。在部分依赖图中，我们用目标特征的格点与非目标特征的均值生成了一组数据集，但是在绘制 ICE 图时，稍微麻烦的地方就是，这样的数据集需要生成很多组，具体的数量是由使用者想要确定的非目标特征取值有多少种来决定的。

在接下来的例子演示中，假设我们想要探求数据集中的前 500 个样本，在不同的非目标特征取值(即 $i=1, 2, \cdots, 500$ 时的 $X_C^{(i)}$ 取值)情况下，单个样本对应的 ICE 图，演示代码如下：

```
fig=plt.figure(figsize=(16,8))
#非目标特征的不同取值,采用数据集前 500 个样本的取值。
#目标特征依然采用之前划分好的格点取值。
#每次循环都会绘制一个样本的 ICE 图。
for i in range(500):
    XC_i=X[XC_name].iloc[i,:].values
    ICE_data=pd.DataFrame(np.tile(XC_i,(1000,1)))
    ICE_data.columns=XC_name
    ICE_data.insert(loc=1,column='BlockSizeTot',value=XS_grid)
    preds=xgb_reg.predict(ICE_data)
    sns.lineplot(x=XS_grid, y=preds)
plt.xlabel('BlockSizeTot')
plt.ylabel('BitcoinPrice')
plt.title('PDP of BitcoinPrice against BlockSizeTot')
fig.savefig('bitcoin_ICE.PNG')
```

图 4-2 展示的是包含了 500 个样本的 ICE 图，每一条曲线

就是一个样本的 ICE 曲线，可以看出，每个样本的曲线变化趋势与部分依赖图中的相似度很高，而将所有 ICE 曲线取平均值得到的就是部分依赖图(由于这里只绘制了 500 条曲线，所以曲线的平均值近似于部分依赖图)。

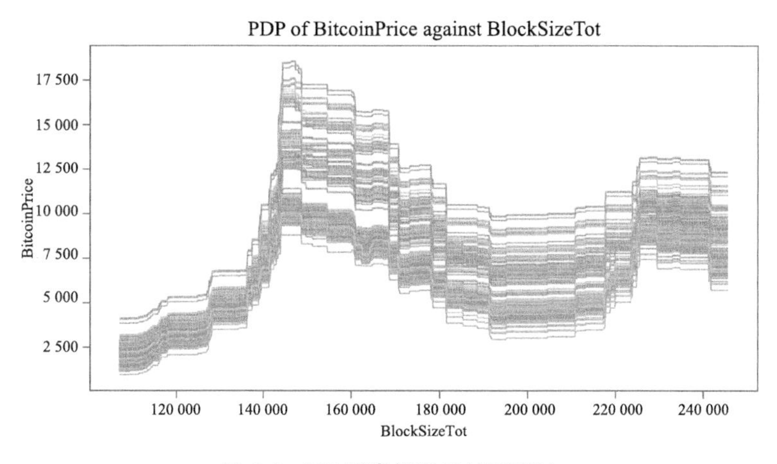

图 4-2　ICE 图案例展示(见彩插)

由于绘制 ICE 图需要把所有想要探索的非目标特征取值都遍历一次，耗时极长，所以通常我们在实际应用中并不会遍历全部的非目标特征取值，而是只选取有代表性的几个取值来绘制曲线。

4.2　累积局部效应图

在 4.1 节讲解部分依赖图的局限中，我们提到了部分依赖图的假设前提，必须是目标特征与非目标特征不相关，在身高、体重与饭量的例子中，我们看到了部分依赖图很有可能将不可能存在的样本也包含进效应的勾勒中，从而导致最终的估计结果出现偏差。本节介绍的累积局部效应图可以很好地解决目标特征与非目标特征存在相关性的问题。

累计局部效应（Accumulated Local Effect，ALE）图由 Daniel W. Apley 于 2016 年提出。从目的上来说，累积局部效应图与部分依赖图想要解答的问题都是一样的：目标特征如何影响模型的预测结果。它们都源自于增强黑盒模型内部可解释性这一诉求，由于在现实世界的数据中，几乎很难找到目标特征与非目标特征完全不相关的情况，因此部分依赖图的假设过于严格，相比之下，累积局部效应图的应用就更加广泛，而且限制更少。

在金融风控领域中，对于风险敞口来源的解释尤为重要，剥离特征之间的相关性，从而得到单一特征对于风险的影响，能够更好地辅助业务人员发现问题痛点，有针对性地提升风险把控环节的安全性。比如，贷款申请人的芝麻信用分，往往会对违约率产生重要影响，同时，芝麻信用分往往也与申请人的收入、工作年限等因素具有较强的相关性，很难想象一个年收入在六位数的成年人，其芝麻信用分会低于 600。银行风控领域从业人员要想从量化的角度，更好地了解芝麻信用分对于违约概率的影响，累积局部效应图必不可少。

4.2.1 从部分依赖图到累积局部效应图

累积局部效应图解决目标特征与非目标特征之间的相关性问题，其实非常简单，下面就来具体分析，我们先从回顾勾勒部分依赖图的步骤开始。

我们依然以年龄、身高、体重与饭量之间关系的探索为例进行讲解。绘制部分依赖图时，我们首先设定目标特征为体重，非目标特征为身高，预测特征为饭量。设定目标特征后，再设定固定区间，将目标特征值格点化，若想得到每个目标特征的格点在图像上对应的预测值，只需要将其他目标特征的值替换为该格点值，用训练好的模型进行预测，对预测值取平均值即可。将预测步骤重复至所有格点值，即可得到部分依赖图。

可是，根据常识我们知道，一个人的体重与他的年龄和身高具有很强的相关性，这就违背了部分依赖图的假设。这时，我们很自然地会想到一个排除相关性的方法，就是通过固定非目标特征的取值排除相关性。比如，固定年龄为 20～24 岁，身高处于 170～190cm 之间，这样固定后的非目标特征值所对应的目标特征值，就不会产生相关性了。若依然沿用 X_S 代表目标特征，X_C 代表非目标特征，那么用数学符号来表示，这种解决方式实际上是在计算 $E_{X_S}[X_S|X_C]$，即目标特征的条件期望值。通过这种方法得到的可视化图像，称为边际图(Marginal Plot)。这里需要额外强调的一点是，虽然这个图像称为边际图，但正如刚刚所说的，其描绘的实际上是条件期望。

此时，边际图已经帮助我们解决了“不真实数据”这一问题，那么，另外一个重要的问题是，此时，目标特征的效应已经与非目标特征的效应混在了一起，这就会导致边际图并没有单独展现目标特征对预测结果的影响。为了解决这一问题，我们可以在边际图思想的基础上，引入所谓的差分思想(difference-in-differences)，具体而言就是，假如我们想知道体重为 70 千克的人的饭量，此时，我们可以先固定年龄取值范围为 20～24 岁，身高取值范围为 170～190cm，之后分别计算当体重为 75 千克和 65 千克时，饭量值的条件期望，假设分别记为 $y^{w=75}$ 和 $y^{w=65}$，之后计算 $\frac{y^{w=75}-y^{w=65}}{75-65}$，就可以得到目标特征带来的效应的同时，既保证了取值的真实性，又保证了只考虑体重单一特征的影响。因此，通过这种计算方式得到的可视化图像，称为累积局部效应图(Accumulated Local Effect Plot)。

4.2.2 累积局部效应方程

4.1节中，我们介绍了部分依赖图的数学支撑，其实是求解目标特征的边际期望。本节我们将继续延续部分依赖图的数学方程，进而推导出累积局部效应图的累积局部效应方程。

当特征为连续数值型时，部分依赖方程的形式为：

$$\hat{f}(x_S)=E_{X_C}[\hat{f}(x_S, X_C)]=\int_{x_c}\hat{f}(x_S, x_C)P(x_C)\mathrm{d}x_C \tag{4-6}$$

接下来，我们可以基于式(4-6)思考边际图的方程。边际图是确定目标特征取固定值后，对非目标特征取积分(连续变量的情况下)，进而求得目标特征对预测值影响的条件期望，于是式(4-6)可以变形为：

$$\begin{aligned}\hat{f}(x_S)&=E_{X_C|X_S}[\hat{f}(X_S, X_C)|X_S=x_S]\\&=\int_{x_c}\hat{f}(x_S, x_C)P(x_C|x_S)\mathrm{d}x_C\end{aligned} \tag{4-7}$$

下面我们在边际图方程的基础上，继续思考如何在方程中体现累积局部效应。上文中我们提到过，若想保证只考虑目标特征的单独效应，则需要对目标特征进行差分运算，假设目标特征 X_S 同样也是连续的数值型变量，则基于式(4-7)加入差分运算后(对于连续变量即为积分)的结果为：

$$\begin{aligned}\hat{f}(x_S)&=\int_{x_S-\delta}^{x_S+\delta}E_{X_C|X_S}[\hat{f}(X_S, X_C)|X_S=x_s]\mathrm{d}x_S\\&=\int_{x_S-\delta}^{x_S+\delta}\int_{x_c}\hat{f}(x_S, x_C)P(x_C|x_S)\mathrm{d}x_C\mathrm{d}x_S\end{aligned} \tag{4-8}$$

至此，我们的局部累积效应方程即将完成，目前只差一步，这个过程称为中心化。这么做的原因是为了使数据的平均效应为0。所以最终加入中心化后，局部累积方程为：

$$\begin{aligned}\hat{f}(x_S)&=\int_{x_S-\delta}^{x_S+\delta}E_{X_C|X_S}[\hat{f}(X_S, X_C)|X_S=x_S]\,\mathrm{d}x_S-\tilde{f}(x_S)\\&=\int_{x_S-\delta}^{x_S+\delta}\int_{x_c}\hat{f}(x_S, x_C)P(x_C|x_S)\,\mathrm{d}x_C\,\mathrm{d}x_S-\tilde{f}(x_S)\end{aligned}\tag{4-9}$$

其中，$\tilde{f}(x_S)$是所有$\hat{f}(x_S)$的均值。局部累积效应方程与部分依赖方程有一个同样的问题，那就是在工程实践中，我们无法计算积分，需要找到一个来估计式(4-8)，该方法的计算结果需要是式(4-8)的无偏估计量，进而实现局部累积效应图的描绘。

当我们拿到一个数据集时，假设X_S和X_C都是连续型变量，首先设定特征的区间。延续之前身高、体重与饭量的例子，假设数据集中身高的取值范围是(120cm，190cm]，体重的取值范围是(40kg，100kg]，目标特征依然为体重，非目标特征为身高，预测值为饭量，根据数据集中的体重取值范围，我们可以设定5kg为一个区间，也就是将体重分割为了12个区间，假设每个区间的体重取值标记为$(x_S^{k-1}, x_S^k]$，那么某一目标特征区间内，尚未中心化的局部累积效应估计方式可以用如下方程表示：

$$\hat{f}_k(x_S)=\sum_{k=1}^{k_j(x)}\frac{1}{n_j(k)}\sum_{i:\ x_{Cj}^{(i)}\in N_j(k)}\left[f(x_S^k, x_{Cj}^{(i)})-f(x_S^{k-1}, x_{Cj}^{i})\right]\tag{4-10}$$

或许，方程中的各种上标下标会让人感觉头晕脑胀，但用语言解释起来其实非常简单：在某一区间内，令目标特征取值分别为x_S^{k-1}和x_S^k，用训练好的模型在目标特征取值不变的情况下，分别遍历区间内的所有样本并进行预测，之后分别取平均值，用 x_S^k 对应的平均值减 x_S^{k-1} 对应的平均值，就可以得到这一区间内，尚未中心化的目标特征的累积局部效应。

用上面提到的例子来说就是，当 12 个区间的未中心化的局部累积效应全部计算完毕后，对这 12 个值取平均值，就找到了式(4-8)中的 $\tilde{f}(x_S)$，继而就可以求得中心化的局部累积效应了。

4.2.3 实例演示

在比特币数据集中，我们可以发现，特征“区块大小”(BlockSizeTot)与“挖矿难度”(Difficulty)之间呈强相关关系，相关系数超过 0.95。若想研究单个特征对目标变量“比特币价格”的影响，则 PDP、ICE 两种方法就不再适用了。因此我们使用 ALE 方法对 4.1 节中的模型结果进行事后解析，并得到如图 4-3 所示的结果。

相较于 4.1 节案例中的 PDP，ALE 图置信区间更窄，精确度更高。由于 ALE 不受特征之间相关性的影响，因此结果更加准确。从 ALE 的结果可以看到，区块大小在 190 000MB～220 000MB 之间时，比特币价格呈明显的单调递增状态，而图 4-1 中 PDP 的结果并没有展示出这一点。

同时，使用 ALE 方法还可以研究具有强相关性的两个变量对目标的联合效应。这里继续以比特币数据为例，“哈希率”和“(挖矿)难度”之间存在强相关性，它们对比特币价格的联合效应如图 4-4 所示：红色代表比特币价格高于平均值，蓝色代表比特币价格低于平均值。图 4-4 反映出了“哈希率”与“(挖矿)难度”之间的交互关系：当挖矿难度较大且哈希率较高(大于 0.8)时，比特币价格会提高；当哈希率处于 0.5～0.7 的范围且挖矿难度较大时，比特币价格会降低。

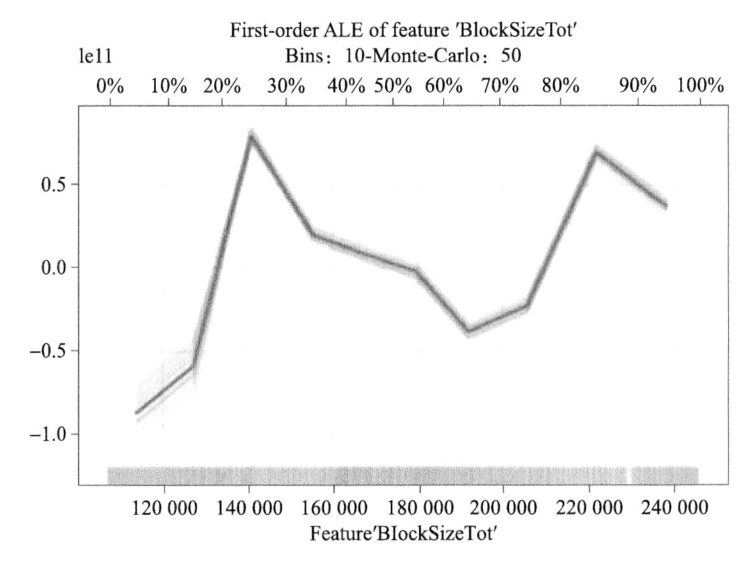

图 4-3 ALE 针对单个变量的解释结果(见彩插)

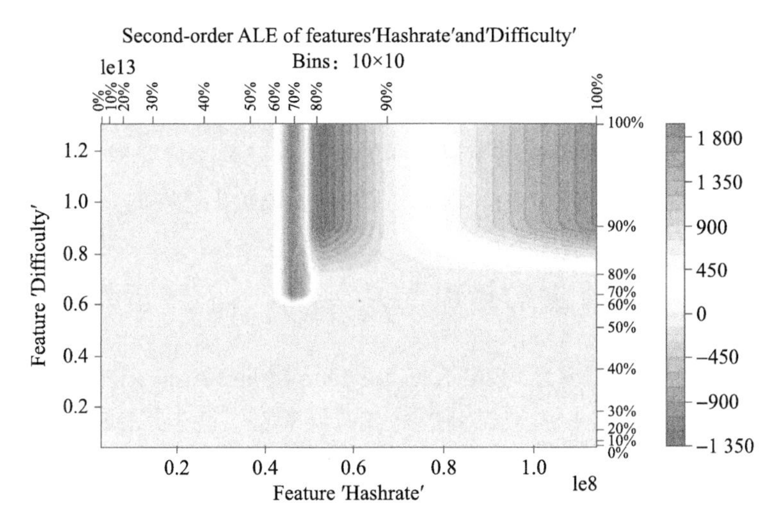

图 4-4 ALE 针对两个变量的解释结果(见彩插)

4.2.4 ALE方法的优劣

综合以上ALE的计算与实例，我们可以总结出ALE图具有如下三个优点。

1）在计算ALE的估计值时，该估计值是无偏估计，因此做出的图像也是无偏的。同时，由于ALE能够处理特征之间的相关关系，因此做出的图像不会受到联合效应的影响。

2）ALE的计算速度比PDP快，需要计算的次数少于PDP。

3）与PDP一样，ALE也能直观地展示目标特征是如何影响模型的预测的，由于剥离了相关变量的影响，因此ALE的解释更加准确；ALE图的曲线是中心化的，曲线的取值即为平均预测值的变化，解释更加清楚简洁。

当然，ALE方法同样也存在一些问题。比如，如何确定区间，到底确定多少个区间才比较合适，等等。这些都需要作进一步的研究与探讨，从而导致ALE的落地部署应用存在困难。与ICE图不同的是，ALE图无法作出单个样本的局部解释，若使用者想要知道不同样本的特征取值发生变化时，其预测结果的变化是否相同，那么ALE是无法给出答案的。

4.3 LIME事后解析方法

LIME，全称为Local Interpretable Model-Agnostic Explanation，是一种与模型无关的局部解释算法。关于LIME算法的理解，我们主要侧重于如下两个方面，一个是与模型无关，另一个是局部解释。由于LIME算法使用的数据只有原始输入特征集及模型预测值，因此LIME算法对模型的种类并无要求，可以是像XGBoost的集成树模型，也可以是神经网络模型，这就是与模型无关的含义。同时，LIME还是一个局部解释算法，通过对单个样本构建局部代理模型，可以找到该样本的各个特征取值对最后的模型预测值的影响。下面就从局部代理模型思想开始讲起，然后具体介绍LIME中的算法流程，以及如何实现可解释性，最后指出LIME的优势及局限所在。

4.3.1　局部代理模型

局部代理模型属于可解释机器学习中的一种事后解释思想。局部，顾名思义，是只解释单个样本的模型预测值。代理模型的意思是，使用黑盒模型对样本进行预测，得到结果后，再运用简单易懂的模型（比如，线性回归、决策树等），重新拟合样本特征与黑盒模型预测值之间的关系。这里的简单易懂模型，相当于是黑盒模型的一个代理人。模型使用者可以通过简单模型理解黑盒模型所发现的规律。

LIME可以处理不同输入类型的数据，如常用的表格数据、图像数据或文本数据。对于表格数据，例如，用银行客户的行为数据来预测理财产品的销售，训练完复杂模型后，可以用LIME得到影响产品销售成功的那些特征；对于图像数据，例如，识别图片中的动物是否为猫，训练完复杂模型后，可以用LIME得到图片中的动物被识别为猫，是因为哪一个或几个像素块；对于文本数据，例如，识别短信是否为垃圾短信，训练完复杂模型后，可以用LIME得到一条信息被判断为垃圾短信，是因为哪一个或几个关键词。

LIME的目标是找到单个样本的模型预测值与特征之间的线性关系。而解决该问题的思路是，当变动单个样本的特征数据时，观察黑盒模型的预测结果会有什么样的变化。收集这些新的特征数据及对应的模型预测值，来拟合稀疏线性回归模型，同时也对模型的复杂度加入惩罚。

4.3.2 LIME 方法的基本流程

LIME 的算法需要输入某个想要解释的样本和已经训练好的复杂模型。下面是基于表格数据的整套算法步骤。

1）在预测样本附近随机取样。

对于连续型的特征，LIME 在输入样本的连续特征取值附近，用标准正态分布 $N(0, 1)$来生成特定数目的新值；对于类别型特征，则是根据训练集的分布进行采样。例如，输入的单个样本为 $x^*=(x_1, x_2, \cdots, x_p)$，有 p 个特征，其中第 i 个特征为连续型特征，该特征在整个训练集中的标准差为 σ_i，在该样本中的取值为 x_i。在该样本附近生成的一个新样本 $z^*=(z_1, z_2, \cdots, z_p)$，其中的 $z_i=a_i\times\sigma_i+x_i$，$a_i$ 是通过标准正态分布 $N(0, 1)$生成的一个随机数。用同样的方法重复 N 次，最后生成 N 个新样本 z_k^*，$k=1, 2, \cdots, N$。

2）对新生成的样本打标签。

将新生成的 N 个样本 z_k^*，$k=1, 2, \cdots, N$，放入已经训练好的复杂模型中，得到 N 个预测结果。假设训练好的复杂模型记为 f，则新生成的样本模型预测结果为 $f(z_1^*, z_2^*, \cdots, z_N^*)$。

3）根据新生成的样本到输入样本的距离，计算相应的权重。

新生成的样本距离要解释的样本越近，意味着新样本可以更好地代表要解释的样本，因此会对其赋予更高的权重。我们可以用指数核函数（exponential kernel）来定义权重，即 $\prod_{x^*}(z_k^*)=\exp\left(\frac{-D(x^*, z_k^*)^2}{\sigma^2}\right)$。这里的 $D(x^*, z_k^*)^2$ 是指某一个新生成的样本 z_k^* 到输入样本 x^* 的距离函数，σ 为超参数。从该核函数的公式中我们可以看到，距离越近，$\prod_{x^*}(z_k^*)$ 的值越大。

4）先筛选出特征，再拟合出线性回归模型。

为了得到更简单的模型结果解释，我们可以使用 Forward Selection 和 Lasso Path 等方法先筛选特征，并自行设定具体留下来的特征数量。假设最终用来解释的样本特征只有 $p'(p' \leqslant p)$个，那么用来解释的特征为 $z'=(z_{(1)}, z_{(2)}, \cdots, z_{(p')})$，此处，$z_{(1)}$与 z_1 不一定相等，只是用来表示从 p 个特征中选取 p' 个特征来解释。第二步是用选出的 p'个特征来拟合线性回归。假设用来解释的线性回归模型是 $g(z')=\omega_g . z'=\omega_0+\omega_1 z_{(1)}+\cdots+\omega_{p'} z_{(p')}$，为了求出线性模型的系数 $\omega_g=(\omega_0, \omega_1, \cdots, \omega_{p'})$，LIME 使用的是加权平方损失函数，$L\left(f, g, \prod_{x^*}\right)=\sum_{k=1}^{N} \prod_{x^*}(z_k^*)(f(z_k^*)-g(z_k'))^2$，找出使损失函数最小的 ω_g 即可。

4.3.3　LIME 方法的解释

首先，我们从局部解释的角度，利用 LIME 方法作事后解析。

对于单个样本，我们在其附近抽样得到新的样本，并用训练好的复杂模型得到预测值。基于这些新模拟的特征值和目标值，我们最终拟合出线性回归来代理复杂模型。因此，我们要充分挖掘线性回归模型 $g(z')=\omega_g . z'=\omega_0+\omega_1 z_{(1)}+\cdots+\omega_{p'} z_{(p')}$ 中的信息。

解释的特征数目 p'虽然是模型使用者自己设定的数字，但是最后留下的，是在该样本的信息条件下，其在某一个方面的重要性靠前的特征个数。然后，运用这些特征二次拟合得到的线性回归中的系数 $\omega_g=(\omega_0, \omega_1, \cdots, \omega_{p'})$，其系数的大小代表该特征的重要性高低，系数的正负代表该特征对最终模型预测值影响的方向，正号代表当该特征增加一个单位时，模型的预测值会相应地增加，反之亦然。系数为负，代表当该特征增加一个单位时，模型的预测值会相应地下降。

下面我们使用 Python 中的 lime 库，在某银行数据集中进行实践。使用该数据集中的 5 个特征，目标是预测用户是否违约。我们首先训练随机森林模型，接着挑选一个样本来预测它是否违约，得到的预测结果为违约，对应的预测概率为 0.73，使用 LIME 进行解释。图 4-5 所展示的是 LIME 的解释结果。

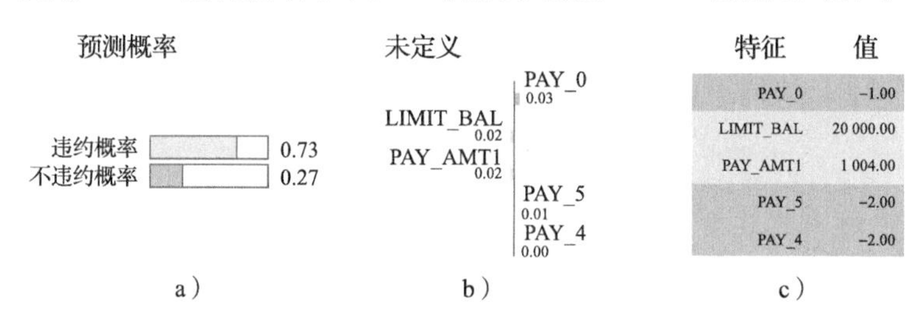

图 4-5 LIME 的解释结果(见彩插)

图 4-5a 展示的是随机森林模型对该样本的预测概率，可以看到预测结果为违约的概率为 0.73，预测结果为不违约的概率为 0.27。图 4-5b 展示的是 LIME 的解释图，可以看到右边的变量 PAY_0 和 PAY_5 对预测结果为违约起到正向的作用，对应的 0.03 和 0.01 代表特征的重要性。左边的两个变量对预测结果为违约起到负向的作用，下面的数值也对应着特征的重要性。图 4-5c 展示的是该用户的 5 个特征的取值。示例的实现代码具

体如下，其中，lime 库是一个开源库，开源网址为：https://github.com/marcotcr/lime。

```
import sklearn
import pandas as pd
import numpy as np
import lime
import lime.lime_tabular
from sklearn.model_selection import train_test_split

credit_data=pd.read_csv('creditcard.csv')
credit_data.fillna(0,inplace=True)
y=credit_data.iloc[:,-1]
x=credit_data.iloc[:,1:23]
train,test, labels_train, labels_test=train_test_split(x, y,
    train_size=0.8)
rf=sklearn.ensemble.RandomForestClassifier(n_estimators=500)
rf.fit(train, labels_train)
explainer=lime.lime_tabular.LimeTabularExplainer(train, feature_
    names=x.columns, verbose=True,feature_selection='highest_
    weights',class_names=y.name, discretize_continuous=False)
    #构建解释器。
exp=explainer.explain_instance(test.iloc[12,:],rf.predict_
    proba, num_features=5)#开始解释测试集中的第 12 个样本。
exp.show_in_notebook(show_table=True,show_all=True)#展示该样本
    的解释图。
```

4.3.4 LIME 方法的优劣

作为一种与模型无关的事后解释方法，LIME 的第一个优点是应用比较广泛，表格数据、图像或文本领域都可以使用。另一方面，无论之前对数据集使用的是哪种模型，SVM(支持向量机)、XGBoost 或神经网络模型，都可以用 LIME 来解释。LIME 的第二个优点是，所得到的解释结果，也可以用来诊断复杂模型，例如，如果发现某些特征变量对目标变量的影响是

不符合业务经验的，就可以用其检验模型发现的规律。LIME的第三个优点是，我们可以度量出该局部代理模型接近单个样本的黑盒模型预测值的程度。具体可以通过计算LIME对单个样本的预测值，与黑盒模型预测值之间的距离来作为度量标准。LIME的第四个优点是，LIME可能会使用原有模型中未使用到的，但是易于理解的特征，例如，一个文本分类器用单词编码之后的特征入模，但是解释的时候可以用衍生的变量（比如，这个单词在句子中是否出现过），来拟合局部代理模型。相对于原特征，这个新特征更容易解释。

LIME的局限性首先在于解释的不稳定性，不稳定性主要来自于对要解释的样本进行抽样所带来的随机性，重新抽样后再拟合模型，单个样本中关于特征的重要性可能会发生些许变化。第二点，只进行正态抽样会忽略掉特征之间的相关性，导致产生一些不合理的样本。最后，关于核函数（权重）的设置需要进行多次尝试，以判断得到的解释是否合理。

万物都处于发展的过程中，作为局部代理模型中具象化出来的模型，LIME具有很大的前景。相信科学家们通过自己的智慧会慢慢解决上述问题的，LIME的发展也会越来越完善。

4.4 SHAP事后解析方法

SHAP（Shapley Additive Explanation）是一种借鉴了博弈论思想的事后解释方法，SHAP通过计算模型中各个特征的边际贡献来衡量各个特征的影响大小，进而对黑盒模型进行解释。该边际贡献在SHAP中称为Shapley Value，最开始由2012年诺贝尔经济学奖的获得者Lloyd Shapley于1938年提出，用于解决合作博弈论中的分配均衡问题。此外，由于Shapley Value

本身的计算过程非常耗时，后续业内又发展了多种 Shapley Value 的近似计算方法，以提高其计算速度。这些近似算法主要是依据我们想要解释的黑盒模型的特点而提出的，根据近似算法的不同思路，我们可以将 SHAP 分为不同的类型，有针对树模型的 TreeSHAP、针对神经网络的 DeepSHAP，还有与模型无关的 Kernel SHAP。

4.4.1　SHAP 的基本思想

在博弈论中，多个参与者的一次合作可以带来一次产出。对于某个参与者(如张三)而言，张三的边际贡献＝他参与此次合作的产出－他不参与此次合作的产出。张三的边际贡献越大，说明他对这次合作的影响越大，我们可以通过这样的方法计算每个参与者的边际贡献，以衡量每个参与者对这次合作产出的影响大小。

这里将上述博弈论思想引入 SHAP 中：将合作视作建模，将合作中的参与者视作建模时的特征。对于某个样本而言，假设其特征有三个特征(x_1，x_2，x_3,)，x_1 的边际贡献＝x_1 入模时模型的预测结果－x_1 不入模时模型的预测结果。由于 x_1 是否入模对应的特征组合情况有很多，比如，$f(x_1, x_2)-f(x_2)$、$f(x_1, x_3)-f(x_3)$、$f(x_1, x_2, x_3)-f(x_2, x_3)$，每种特征组合下的边际贡献结果都需要考虑到，因此我们可以先将每种特征组合情况下 x_1 的边际贡献及该组合出现的概率都计算出来，然后计算不同特征组合下边际贡献的期望值，最后综合衡量 x_1 的重要性。这里的边际贡献期望值就是 Shaply Value，我们可以通过这样的方式计算每个样本中每个特征的 Shaply Value，以衡量该样本的各个特征对模型结果的影响，从而对黑盒模型的预测结果进行解释。

SHAP 的全称是 Shapley Additive Explanation，其中，Additive 表明该方法使用加性的方式来描述各个特征对模型结果的影响。对于单个样本 x，事后解释模型 g 的表达形式为：

$$g(x)=\phi_0+\sum_{i=1}^{M}\phi_i \tag{4-11}$$

其中，M 是黑盒模型 f 中特征的数量；ϕ_0 是 f 关于所有样本预测值的平均值，也称为 base value；ϕ_i 是需要计算的第 i 个特征的 Shapley Value，也是整个 SHAP 方法的核心所在。此外，事后解释模型 g，还需要满足以下列举的三个性质。

1）性质 1：局部保真性（local accuracy），即事后解释模型 g 对单个样本的预测值与黑盒模型对单个样本的预测值要相等，也就是 $g(x)=f(x)$。

2）性质 2：缺失性（missingness），如果单个样本中存在缺失值，则该样本的缺失特征对事后解释模型 g 没有影响，ϕ_i 为 0。

3）性质 3：一致性（consistency），当复杂模型发生变化时，如从随机森林变为 XGBoost，那么对单个样本而言，特征的 ϕ_i 会随该特征在新模型中贡献的变化而变化。

Lyold Shapley 在 1938 年的一篇论文中证明了满足定义 $g(x)=\phi_0+\sum_{i=1}^{M}\phi_i$ 和上述三个性质的 ϕ_i 有唯一解，具体证明过程在此不赘述。

4.4.2 Shapley Value

根据事后解释模型 g 的局部保真性（local accuracy），对于单个样本 x，有 $g(x)=f(x)$，所以可以使用黑盒模型的预测结果 $f(x)$ 替换式（4-11）中的 $g(x)$，即：

$$f(x)=\phi_0+\sum_{i=1}^{M}\phi_i \tag{4-12}$$

根据式(4-12)可以看到，黑盒模型的预测结果 $f(x)$ 可以分解为各个特征的 ϕ_i 之和，ϕ_i 反映了各项特征对 $f(x)$ 的影响大小，因而式(4-12)可以实现对黑盒模型预测结果的解释。

式(4-12)中，ϕ_i 的计算公式为

$$\phi_i=\sum_{S\subseteq\{M\setminus x_i\}}\frac{|S|!\ (|M|-|S|-1)!}{|M|!}\{f(x_{S\cup\{i\}})-f(x_S)\} \tag{4-13}$$

式(4-13)是一个期望值，表示在不同特征组合下，x_i 入模与不入模时模型结果的变化情况。其中，M 表示特征全集；S 表示$\{M\setminus x_i\}$的特征子集，S 的取值有多种情况，分别对应了不同的特征组合；$f(x_{S\cup\{i\}})$和 $f(x_S)$分别表示各种特征组合下 x_i 入模与不入模时，模型的输出结果；$\frac{|S|!\ (|M|-|S|-1)!}{|M|!}$表示各种特征组合对应的概率，“| |”表示集合的元素个数，“!”表示阶乘。下面对该概率计算公式进行推导，在计算特征 x_i 的边际贡献时，各种特征组合出现的概率计算过程如下。

1) 先从特征全集 M 中抽取 x_i，此时的概率为：$\frac{1}{|M|}$。

2) 再从剩余的特征集合中抽取子集 S，此时的概率为：$\frac{1}{C_{|M|-1}^{|S|}}=\frac{|S|!\ (|M|-|S|-1)!}{(|M|-1)!}$。

3) 将步骤 1 和步骤 2 的概率相乘，乘积就是我们想要计算的每种特征组合出现的概率，即$\frac{1}{M}\times\frac{|S|!\ (|M|-|S|-1)!}{(|M|-1)!}=$

$\frac{|S|!(|M|-|S|-1)!}{|M|!}$。

下面通过一个例子来介绍式(4-13)的计算过程。假设黑盒模型为 f，某个样本共有 3 个特征(x，y，z,)，这里特征全集 $M=x$，y，z，其剔除 x 后的特征子集 S 的取值共有$\{\varnothing\}$、$\{y\}$、$\{z\}$、$\{y, z\}$这 4 种情况，下面按照(4-13)的方式计算特征 x_1 的 Shapley Value，具体结果如表 4-1 所示。

表 4-1 x_1 的 Shapley Value 举例计算结果表

子集(S)	概率$\left(\frac{|S|!(|M|-|S|-1)!}{|M|!}\right)$	边际贡献($f(x_{S\cup\{i\}})-f(x_S)$)
$S=\phi$	$\frac{0!(3-0-1)!}{3!}=\frac{1}{3}$	$f(x)-f(\phi)$
$S=y$	$\frac{1!(3-1-1)!}{3!}=\frac{1}{6}$	$f(x, y)-f(y)$
$S=z$	$\frac{1!(3-1-1)!}{3!}=\frac{1}{6}$	$f(x, z)-f(z)$
$S=y, z$	$\frac{2!(3-2-1)!}{3!}=\frac{1}{3}$	$f(x, y, z)-f(y, z)$
$\phi_1=\frac{1}{3}(f(x)-f(\phi)+f(x, y, z)-f(y, z))+\frac{1}{6}(f(x, y)-f(y)+f(x, z)-f(z))$		

4.4.3 SHAP的实现算法

SHAP 方法的核心在于如何计算每个特征的 Shapley Value (ϕ_i)，式(4-13)要求在计算 ϕ_i 时，对特征全集 M 的所有子集 S (这里的 S 包含 x_i 和 M)都计算 $f(S)$。对于一个含有 M 个元素的集合，其子集的数量为 $2^{|M|}$，因而我们需要计算的 $f(S)$的次数也是 $2^{|M|}$ 次，时间复杂度达到了指数级。例如，表 4-1 的案例中有 3 个特征，表 4-1 的第 3 列计算边际贡献时，我们需要计

算模型 f 在各种子集 S 下的结果 $f(S)$的次数为 $8(2^3)$。

由于式(4-13)的计算公式的时间复杂度太高，为了提高 ϕ_i 的计算效率，后续有一些学者提出了 ϕ_i 的各种近似计算方法。根据这些算法的不同，我们可以将 SHAP 分为两大类：一种是与模型无关的算法，这类算法并不是针对某个特定的模型而提出的，基本上所有的黑盒模型都可以使用，代表算法是 Kernel SHAP；另一种是根据不同黑盒模型的特点而专门提出的算法，代表算法有针对神经网络的 DeepSHAP 和针对树模型的 TreeSHAP。这些算法中，使用最广泛的是 TreeSHAP，下面主要介绍 TreeSHAP 的计算思路。

1. 举例介绍

TreeSHAP 是一种结合树模型的特点提出的实现 Shapley Value（ϕ_i）的高效算法，可用于解释随机森林、XBGoost、LightGBM 等树模型的黑盒模型，主要由 Scott M. Lundberg 和 Su-In Lee 于 2018 年提出。在正式介绍 TreeSHAP 的算法之前，我们先以回归树为例，以式(4-13)介绍的理论公式展示 ϕ_i 的计算过程，再通过案例的计算思路归纳 TreeSHAP 的算法。假设有一棵如图 4-6 所示的回归树。

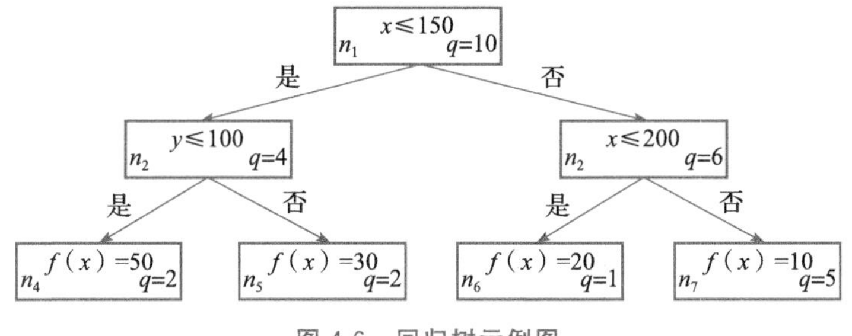

图 4-6　回归树示例图

图 4-6 中，各个节点左下角的 n_j 表示决策树的第 j 个节

点，右下角的 q 表示该节点的样本量，该回归树总样本量为10。某样本特征取值为 $x=180$，$y=100$，$z=300$，模型的预测结果为 $f(x, y, z)=20$，现在使用式(4-12)和式(4-13)的思路来计算各个特征的 ϕ_i。

首先，在特征全集(x, y, z)的各个特征子集下，计算树模型的输出结果，具体如表4-2所示。

表 4-2 树模型输出结果表

特征子集	计算思路	模型输出结果
ϕ	$f(\phi)$可以表示为各叶节点预测值的期望，$f(\phi)$也是所有样本预测值的平均值，即 base value	$f(\phi)=\frac{2}{10}\times50+\frac{2}{10}\times30+\frac{1}{10}\times20+\frac{5}{10}\times10=23$
x	在 $x=180$ 的作用下，$f(x)$为叶节点 n_6 的值	$f(x)=20$
y	①样本有$\frac{4}{10}$的概率先从 n_1 走到 n_2，再在 $y=100$ 的作用下从 n_2 走到 n_4 ②样本有$\frac{6}{10}$的概率从 n_1 走到 n_3；再有$\frac{1}{6}$的概率从 n_3 走到 n_6，同时有$\frac{5}{6}$的概率从 n_3 走到 n_7	$f(y)=\frac{4}{10}\times50+\frac{6}{10}\times\frac{1}{6}\times20+\frac{6}{10}\times\frac{5}{6}\times10=27$
z	z 在模型中不起作用，$f(z)=f(\phi)$	$f(x)=23$
x, y	在 $x=180$，$y=100$ 的作用下，$f(x, y)$为叶节点 n_6 的值	$f(x, y)=20$
x, z	在 $x=180$，$z=300$ 的作用下，$f(x, z)$为叶节点 n_6 的值	$f(x, z)=20$
y, z	在 $x=180$，$z=300$ 的作用下，$f(y, z)=f(y)$	$f(y, z)=27$
x, y, z	在 $x=180$，$y=100$，$z=300$ 的作用下，$f(x, y, z)=f(x, y)$	$f(x, y, z)=20$

接下来，根据表 4-2 的结果分别计算 ϕ_x、ϕ_y、ϕ_z，计算结果分别如表 4-3、表 4-4 和表 4-5 所示。

表 4-3 ϕ_x 的计算结果表

子集(S)	概率$\left(\frac{\|S\|!(\|M\|-\|S\|-1)!}{\|M\|!}\right)$	边际贡献($f(x_{S\cup\{i\}})-f(x_S)$)
$S=\phi$	$\frac{0!(3-0-1)!}{3!}=\frac{1}{3}$	$f(x)-f(\phi)=-3$
$S=y$	$\frac{1!(3-1-1)!}{3!}=\frac{1}{6}$	$f(x, y)-f(y)=-7$
$S=z$	$\frac{1!(3-1-1)!}{3!}=\frac{1}{6}$	$f(x, z)-f(z)=-3$
$S=y, z$	$\frac{2!(3-2-1)!}{3!}=\frac{1}{3}$	$f(x, y, z)-f(y, z)=-7$
ϕ_x	$\phi_x=\frac{1}{3}\times(-3)+\frac{1}{6}\times(-7)+\frac{1}{6}\times(-3)+\frac{1}{3}\times(-7)=-5$	

表 4-4 ϕ_y 的计算结果表

子集(S)	概率$\left(\frac{\|S\|!(\|M\|-\|S\|-1)!}{\|M\|!}\right)$	边际贡献($f(x_{S\cup\{i\}})-f(x_S)$)
$S=\phi$	$\frac{0!(3-0-1)!}{3!}=\frac{1}{3}$	$f(y)-f(\phi)=4$
$S=x$	$\frac{1!(3-1-1)!}{3!}=\frac{1}{6}$	$f(x, y)-f(x)=0$
$S=z$	$\frac{1!(3-1-1)!}{3!}=\frac{1}{6}$	$f(y, z)-f(z)=4$
$S=x, z$	$\frac{2!(3-2-1)!}{3!}=\frac{1}{3}$	$f(x, y, z)-f(x, z)=0$
ϕ_y	$\phi_y=\frac{1}{3}\times4+\frac{1}{6}\times0+\frac{1}{6}\times4+\frac{1}{3}\times0=2$	

表 4-5 ϕ_z 的计算结果表

子集(S)	概率$\left(\frac{\lvert S\rvert!(\lvert M\rvert-\lvert S\rvert-1)!}{\lvert M\rvert!}\right)$	边际贡献($f(x_{S\cup\{i\}})-f(x_S)$)
$S=\phi$	$\frac{0!(3-0-1)!}{3!}=\frac{1}{3}$	$f(z)-f(\phi)=0$
$S=x$	$\frac{1!(3-1-1)!}{3!}=\frac{1}{6}$	$f(x,z)-f(x)=0$
$S=y$	$\frac{1!(3-1-1)!}{3!}=\frac{1}{6}$	$f(y,z)-f(y)=0$
$S=x,y$	$\frac{2!(3-2-1)!}{3!}=\frac{1}{3}$	$f(x,y,z)-f(x,y)=0$
ϕ_z	$\phi_z=\frac{1}{3}\times0+\frac{1}{6}\times0+\frac{1}{6}\times0+\frac{1}{3}\times0=0$	

最后，我们可以将模型的预测结果 $f(x,y,z)=20$ 表示为 $\phi_0=23$、$\phi_x=-5$、$\phi_y=2$、$\phi_z=0$ 的和，这里的 ϕ_0 就是 $f(\phi)$的值，即：

$$f(x,y,z)=\phi_0+\phi_x+\phi_y+\phi_z \tag{4-14}$$

2. 算法思路

根据上文中案例的计算思路，我们可以梳理出 Scott M. Lundberg 和 Su-In Lee 于 2018 年提出的第一种实现 Shapley Value(ϕ_i)的算法，该算法的伪代码如下：

Algorithm 1：Estimating $E(f(x)\mid x_s)$

1：**Procedure** EXPVALUE(x，S，$tree=\{v,a,b,t,r,d\}$)
2：**Procedure** $G(j,w)$
3：　　**if** $v_j\neq internal$ **then**
4：　　　　**return** $w\cdot v_j$
5：　　**else**
6：　　　　**if** $d_j\in S$ **then**

```
7:            return G(a_j, w) if x_{d_j} ≤ t_j else G(b_j, w)
8:        else
9:            return G(a_j, w·r_{a_j}/r_j) + G(b_j, w·r_{b_j}/r_j)
10:       end if
11:    end if
12:  end procedure
13:  return G(1, 1) #根节点。
14: end procedure
```

算法1中：v 表示节点值，a 和 b 分别表示每个内节点(internal node)的左右子节点的索引(index)，t 表示每个内节点的分裂阈值，r 表示每个节点覆盖的样本量，d 表示内节点分裂时使用的特征的索引。需要注意的是，这里的 v、a、b、t、d、r 都是向量形式。

算法1的思路大致如下：使用树模型对某个样本进行预测时，算法1会计算该样本所有特征子集 S 输入模型后的预测结果 $f(S)$，再计算各种特征组合下的边际贡献及其出现的概率，最后以边际贡献的期望值来表示各个特征的 Shapley Value (ϕ_i)。算法1中比较难理解的地方是 $f(S)$的计算方法，下面就来进一步介绍 $f(S)$的计算方法。

如果树模型节点的分裂特征在 S 中，那么该样本会明确地沿着节点的分裂路径走到某一个子节点中，假设该样本此时走到了左子节点，这一步骤的计算结果用期望的形式表示就是 $100\% \times G(a_j, w) + 0\% \times G(b_j, w) = G(a_j, w)$，这里对应于算法1中的第7行，可以参考上文案例中计算 $f(x)$的思路；如果树模型节点用到的分裂特征不在 S 中，那么该样本会以某个概率走到左右两个子节点中的任意一个节点上，这里的概率是“子节点覆盖的样本量/父节点覆盖的样本量”，这一步骤的计算结果用期望的形式表示就是$\frac{r_{a_j}}{r_j}G(a_j, w)+\frac{r_{b_j}}{r_j}G(a_j, w)=G(a_j, wr_{a_j}/r_j)+G(b_j, wr_{b_j}/r_j)$，这里对应于算法 1 中的第 9 行，可以参考上文案例中计算 $f(y)$的思路。

由于算法 1 需要对特征全集 M 的每个特征子集 S 的都计算一次模型的预测值 $f(S)$，而特征子集的数量多达 $2^{|M|}$ 个，因此 $f(S)$的计算次数也是 $2^{|M|}$ 次，例如，上文案例中的样本有 3 个特征(x，y，z)，因此表 4-2 需要计算 8(2^3)种 $f(S)$的值。所以，算法 1 的时间复杂度达到了指数级，这样大的计算量并不适合用于工程实践中。

由于算法 1 的时间复杂度太高，Scott M. Lundberg 和 Su-In Lee 于 2018 年在算法 1 的基础上提出了实现 Shapley Value(ϕ_i)的第二种算法，这是一种多项式时间复杂度的高效算法。由于该算法的计算过程过于复杂，因此这里只简要介绍其核心思想，并不会详细讲解每一步的计算过程，大家如有兴趣，可以自行查阅 SHAP 的源代码(https://github.com/slundberg/shap)。

算法 1 的指数级时间复杂度是因为它需要遍历 $2^{|M|}$ 次特征子集，算法 2 主要围绕这一点做了调整，从而降低了算法的时间复杂度。因为在树模型中，不管特征组合如何变化，用于分裂各个节点的特征与特征子集 S 的关系只有“属于”或“不属于”这两种情况。节点的分裂特征属于 S 时，模型在节点上的值对应于式(4-13)中的 $f(x_{S\cup\{i\}})$；节点的分裂特征不属于 S 时，模型在节点上的值对应于式(4-13)中的 $f(x_S)$，所以通过计算节点的分裂特征是否属于 S 的情况下模型在节点上的值之间的差，就可以得到分裂节点的特征在该节点的边际贡献，即 $f(x_{S\cup\{i\}})-f(x_S)$。也就是说，我们可以先遍历所有可能的路

径(track)，然后在叶节点上计算路径上各个特征的边际贡献的信息，最后综合所有路径上各个特征的边际贡献信息，这大致就是算法 2 相对算法 1 能减少计算量的基本思路。

算法 2 不再像算法 1 那样遍历所有的特征子集 S，而是改为遍历所有可能的路径，这能大幅减少计算量，可以将时间复杂度降为树深度的平方，即 $O(D^2)$。例如，上文案例中的特征 z，按照算法 1 的思路需要计算 $z \in S$ 时的各种模型预测结果，还要按照表 4-5 的思路计算各种特征组合下 z 的边际贡献，最后再计算各种特征组合下边际贡献的期望值作为 ϕ_z。但是按照算法 2 的思路，由于 z 不在树模型的路径中，因此不需要计算 z 的边际贡献，从而 $\phi_z=0$，这能显著减少计算量。

算法 2 的伪代码如下：

Algorithm2：TreeSHAP

```
1:  Procedure TreeSHAP(x, tree={v, a, b, t, r, d})
2:      ϕ=array of len(x)zeros
3:      procedure RECURSE(j, m, p_z, p_o, p_i)
4:          m=EXTEND(m, p_z, p_o, p_i)
5:          if v_j ≠ internal then
6:              for i←2 to len(m)do
7:                  w=sum(UNWIND(m, i).w)
8:                  ϕ_mi=ϕ_mi+w(m_i.o−m_i.z)v_j
9:              end for
10:         else
11:             h, c=(a_j, b_j)   if x_{d_j} ≤ t_j else (b_j, a_j)
12:       i_z=i_o=1
13:       k=FINDFIRST(m.d, d_j)
14:       if k ≠ nothing then
```

```
15:          i_z, i_o = (m_k.z, m_k.o)
16:          m = UNWIND(m, k)
17:        end if
18:        RECURSE(h, m, i_z r_h / r_j, i_o, d_j)
19:        RECURSE(c, m, i_z r_c / r_j, 0, d_j)
20:    end procedure
21:    procedure EXTEND(m, p_z, p_o, p_i)
22:      l = len(m) + 1
23:      m = copy(m)
24:      m_{l+1}.(d, z, o, w) = (p_i, p_z, p_o, (1ifl=0else0))
25:      for i ← l - 1to1 do
26:          m_{i+1}.w = m_{i+1}.w + p_o.m_i.w.(i/l)
27:          m_i.w = p_z.m_i.w[(l-i)/l]
28:      end for
29:      return m
30:    procedure UNWIND(m, i)
31:      l = len(m)
32:      n = m_l.w
33:      m = copy(m_{1...l-1})
34:      for j = l - 1to1do
35:          if m_i.o ≠ 0 then
36:              t = m_j.w
37:              m_j.w = n.l/(j.m_i.o)
38:              n = t - m_j.w.m_i.z.((l-j)/l)
39:          else
```

```
40:            m_j.w=(m_j.w.l)/(m_i.z(l-j))
41:          end if
42:      end for
43:      for j←itol-1 do
44:            m_j.(d, z, o)=m_{j+1}.(d, z, o)
45:      end for
46:      return m
47  end procedure
48:     RECURSE(1, [], 1, 1, 0) #从第一个节点开始。
49:     return ϕ
50: end procedure
```

4.4.4　SHAP 方法的解释

下面就来根据图 4-7 所示的 SHAP 展示图，从单个样本开始，解读 Shapley Value 是如何影响复杂模型 f 的预测值的。假设数据集中有 4 个特征变量 $z=(z_1, z_2, z_3, z_4)$，用原始模型 f 预测后，即可得到模型预测值 $f(z)$。接下来，计算出数据集中所有模型预测值的平均值作为期望，即 $E(f(z))$，也就是 ϕ_0。

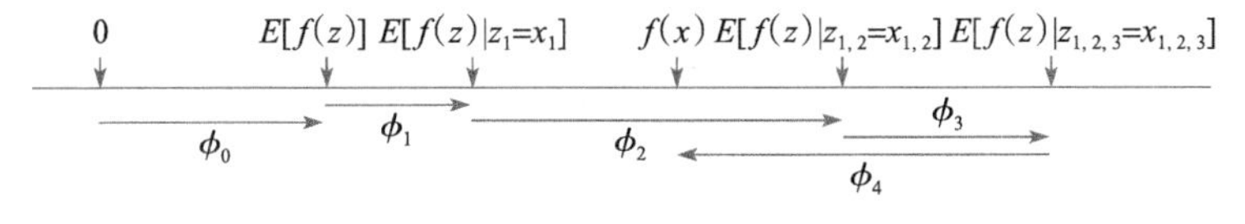

图 4-7　SHAP 的展示图（见彩插）

下面以单个样本 $x=(x_1, x_2, x_3, x_4)$为例，它在原始模型中的预测值为 $f(x)$，我们计算出 4 个对应的 Shapley Value（ϕ_1、ϕ_2、ϕ_3、ϕ_4）后开始解释。

对于整个数据集而言，ϕ_0 是固定的，是模型预测的平均值，可为正、可为0、也可为负，充当着基准值的作用。图4-7用Shapley Value解释了这个样本预测值与平均预测值之间存在差异的原因。蓝色的箭头(向右的四个箭头)表明Shapley Value为正，代表该特征对原始模型的预测值有正向的影响。红色的箭头(向左的一个箭头)表明Shapley Value为负，代表该特征对原始模型的预测值有负向的影响。图4-7中，$\phi_2>\phi_3>\phi_1>0>\phi_4$，所以特征 z_1、z_2、z_3 对 $f(x)$ 产生了正向的作用，且 z_2 的作用最强。z_4 的存在对 $f(x)$ 产生了负向的作用。最后，在这4个特征共同的作用下，该样本 x 的原始模型预测值从平均值拉到了 $f(x)$。

该方法也可以更进一步地拓展到全局解释。与上文的LIME一样，只要计算出特征在整个数据集中的Shapley Value，求取平均值，便可以将其当作该特征的全局重要性，从而完成全局解释，我们可以看到每个特征在整个数据集中的重要性排序。

同样地，在银行数据集中，我们也可以对模型预测值展示SHAP的局部解释过程。训练完随机森林模型之后，我们可以选择一个样本，来查看SHAP的解释过程。由图4-8可以得知，该样本的预测概率为0.55，整个数据集的基准值是0.5551。左边红色的变量代表其对模型预测值有正向的影响，即会使得预测概率增加。右边蓝色的变量代表其对模型预测值有负向的影响，即会使得预测概率降低。同时，SHAP图也展示了贡献程度较大的变量，同时还包括该用户在该变量下的取值，以LIMIT_BAL＝2e＋4为例，该式代表该用户的特征LIMIT_BAL在原始数据集中的取值为2000。同时，我们还可以看到，LIMIT_BAL排在红色部分的第一位，这意味着其正向作用最大。

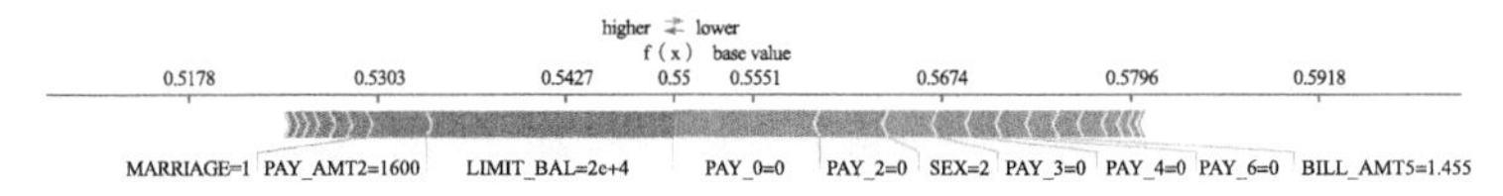

图 4-8　SHAP 的局部解释图(见彩插)

SHAP 也可以提供变量的全局解释，如图 4-9 中的结果所示，计算好变量中每个样本的 Shapley Value，然后取绝对值的平均数作为该变量的贡献值。由图 4-9 可以得知，在该数据集中，PAY_0 的贡献程度最高，紧接着是变量 PAY_2，以此类推，我们可以得知每个特征在模型中的贡献值。

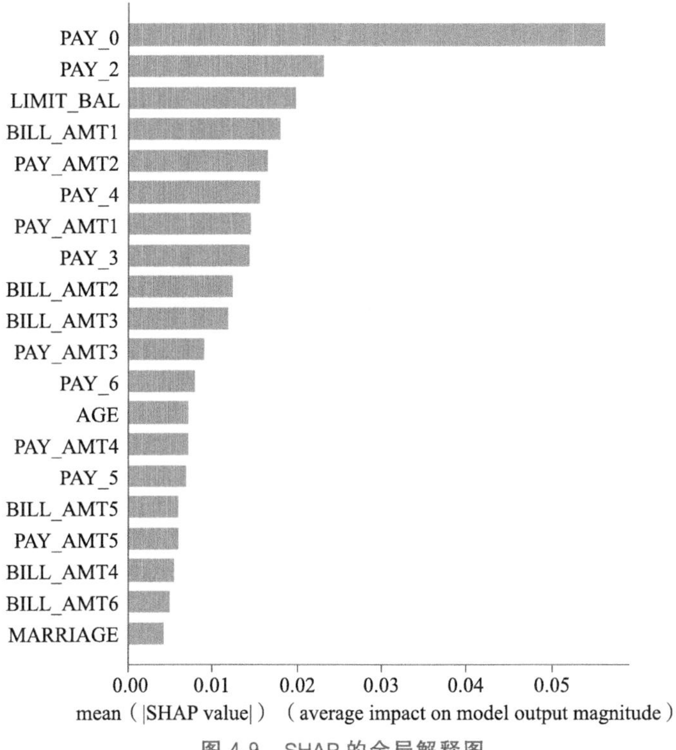

图 4-9　SHAP 的全局解释图

示例的实现代码具体如下，其中，SHAP 库是一个开源库，开源网址为：https://github.com/slundberg/shap。

```
import pandas as pd
import numpy as np
import shap
import sklearn
from sklearn.model_selection import train_test_split

credit_data=pd.read_csv('creditcard.csv')
credit_data.fillna(0,inplace=True)
y=credit_data.iloc[:,-1]
x=credit_data.iloc[:,1:23]
train,test, labels_train, labels_test=train_test_split(x, y,
    train_size=0.9)
rf=sklearn.ensemble.RandomForestClassifier(n_estimators=500)
rf.fit(train, labels_train)
explainer =shap.TreeExplainer(rf,link='logit')
    #构建 SHAP 的树解释器。
shap_values=explainer.shap_values(test.iloc[29,:])
    #挑选第 30 个样本进行局部解释。
shap.force_plot(explainer.expected_value[1], shap_values[1],
    test.iloc[29,:],link='logit')#画出局部解释图。
shap_values_all=explainer.shap_values(test)
    #计算测试集的 ShapleyValue。
shap.summary_plot(shap_values_all, test, plot_type="bar")
    #画出全局解释图。
```

4.4.5 SHAP 方法的优劣

SHAP 方法有三大优点。首先，SHAP 是一个理论完备的解释方法，即完整的博弈理论。其中的对称性、可加性、有效性等公理使得该解释变得更加合理。相比之下，LIME 只是假设机器学习模型在局部有线性关系，并没有坚实的理论来解释为什么可以这么做。其次，SHAP 方法公平地分配了样本中每个特征的贡献值，最终解释了单个样本模型预测值与平均模型预测值之间的差异。这也是 SHAP 与 LIME 的不同之处，LIME 并不能保证模型的预测值可以公平地分配给每一个特征。最后，Shapley Value 可以有不同的对比解释，其既可以解释单个样本的模型预测值与平均模型预测值之间的差异，也可以解释单个样本的模型预测值与另一个样本的模型预测值之间的差异。

当然，SHAP 方法的缺点主要在 Shapley Value 的计算方法上。第一，计算耗时过长，虽然 TreeSHAP 的时间复杂度只有多项式级别，但这仅仅是针对树模型而言的。对于其他黑盒模型，需要使用其他近似算法时(如 Kernel SHAP)，Shapley Value 的计算复杂度仍然不低。第二，当特征之间存在相关性时，有些近似算法的效果会变差，如 Kernel SHAP 的近似算法要求特征之间要互相独立，然而大多数情况并不满足这一条件(如用户的收入和学历往往存在很大的相关性)，这会导致我们得到的关于黑盒模型的“解释性结果”不够准确。

4.4.6　扩展阅读

除了式(4-13)所描述的方法，其实 Shapley Value(ϕ_i)还有另一种与式(4-13)等价的定义方法，下面就以扩展阅读的方式简要介绍一下另一种定义。

如果想要查看某个参与者(如张三)在合作中的边际贡献，那么我们可以将张三在所有合作顺序里的边际贡献全部计算出来，再将所有合作顺序里边际贡献的期望值用于评估张三在合作中的贡献大小。采用这种方式时，我们认为参与者的每种合作顺序出现的概率都是相等的，都等于$\frac{1}{|\text{合作顺序}|}$，此时的期望刚好等于均值。ϕ_i 的第二种定义就是从这一角度发展而来

的，其数学表达式为：

$$\phi_i = \frac{1}{|M|!}\sum_{O\in\pi(M)}(f(\mathrm{Pre}^i(O)\cup\{i\}) - f(\mathrm{Pre}^i(O))) \tag{4-15}$$

其中，$\pi(M)$表示特征全集的 M 个元素的全排列，$\mathrm{Pre}^i(O)$表示在全排列 $\pi(M)$的某种排列方式 O 里，排在第个 i 特征之前的特征的集合（O 是所有特征全排列中的一种，第 i 个特征必然处在 O 中的某个位置，$\mathrm{Pre}^i(O)$就是在第 i 个特征之前的第 1 至第 $i-1$ 个特征组成的集合）。

下面以 4.4.3 节中提到的回归树为例，使用式(4-15)的定义，计算各个特征的 ϕ_i。式(4-15)的方法需要计算特征(x，y，z)在不同排列方式下，各个特征的边际贡献，最后再以所有排列方式下各个特征边际贡献的均值作为其对应的 ϕ_x、ϕ_y、ϕ_y。

案例中的合作顺序总共有 6(|3|!)种，每种合作顺序出现的概率都是$\frac{1}{6}$。下面以 $x\rightarrow y\rightarrow z$ 这一合作顺序为例，介绍式(4-15)的计算过程：当 $i=1$ 时，计算 x 的边际贡献，$\mathrm{Pre}^i(O)$表示 x 前面的特征集合(这里是空集)，所以 x 的边际贡献$=f(x)-f(\phi)=-3$；当 $i=2$ 时，计算 y 的边际贡献，$\mathrm{Pre}^i(O)$表示 y 前面的特征集合(这里是$\{x\}$)，所以 y 的边际贡献$=f(x,y)-f(x)=0$；当 $i=3$ 时，计算 z 的边际贡献，$\mathrm{Pre}^i(O)$表示 z 前面的特征集合(这里是$\{x,y\}$)，所以 z 的边际贡献$=f(x,y,z)-f(z,y)=0$。其他顺序下的计算思路也是如此，这里不再逐一介绍了，各种顺序的计算结果如表 4-6 所示。

表 4-6　第二种定义计算得到的 Shapley Value 结果表

合作顺序	x 的边际贡献	y 的边际贡献	z 的边际贡献
$x \to y \to z$	$f(x)-f(\phi)=-3$	$f(x, y)-f(x)=0$	$f(x, y, z)-f(x, y)=0$
$x \to z \to y$	$f(x)-f(\phi)=-3$	$f(x, z, y)-f(x, z)=0$	$f(x, z)-f(x)=0$
$y \to x \to z$	$f(y, x)-f(y)=-7$	$f(y)-f(\phi)=4$	$f(y, x, z)-f(y, x)=0$
$y \to z \to x$	$f(y, z, x)-f(y, z)=-7$	$f(y)-f(\phi)=4$	$f(y, z)-f(y)=0$
$z \to x \to y$	$f(z, x)-f(z)=-3$	$f(z, x, y)-f(z, x)=0$	$f(z)-f(\phi)=0$
$z \to y \to x$	$f(z, y, x)-f(z, y)=-7$	$f(z, y)-f(z)=4$	$f(z)-f(\phi)=0$
ϕ_i	$\phi_x=-5$	$\phi_y=2$	$\phi_z=0$

最后，我们可以将模型的预测结果 $f(x, y, z)=20$ 表示为 $\phi_0=23$、$\phi_x=-5$、$\phi_y=2$、$\phi_z=0$ 的和，这里的 ϕ_0 就是 $f(\phi)$的值，即 $f(x, y, z)=\phi_0+\phi_x+\phi_y+\phi_z$。这一结果与 4.4.3 节中使用式(4-13)计算的结果是一致的。

4.5　本章小结

内在可解释机器学习模型在精度上依旧无法与复杂模型相媲美，但在某些场景下，我们既想使用复杂模型，又想要模型的结果具有解释性，因此本章介绍了一些事后解析方法，可以对复杂模型进行解释。本章主要介绍的是传统的统计方法和近年来提出的一些新方法。

传统的统计方法包括数理统计中经典的 PDP(Partial Dependence Plot，部分依赖图）和 ALE（Accumulated Local Effect，累积局部效应），这两个方法都是从特征的维度出发的，分析模型的预测值会如何随着特征的变化而变化，即全局解释。本章主要从如下3个角度对这些方法进行介绍：①各个方法的核心思路和定义；②结合案例对它们的解释性进行分析；③对每个方法的优势与不足进行小结。除了这些传统的方法可以对复杂模型进行解释外，还有一些功能更丰富的新方法。

新的方法包括基于博弈论的SHAP和基于代理模型的LIME，这两种方法不仅能像PDP和ALE那样对模型进行全局解释，还很好地实现了局部解释功能，即解释每个样本预测结果的由来。本章主要从如下4个角度对这些方法进行介绍：①各个方法的核心思路和定义；②各个方法的创新点(重点)；③结合案例对它们的解释性进行分析；④对每个方法的优势与不足进行小结。这些新方法可以从全局解释和局部解释这两个角度对复杂模型进行解释，能够帮助我们更好地理解复杂模型的结果。

第三部分 Part 3

实　　例

- 第5章　银行VIP客户流失预警及归因分析
- 第6章　银行个人客户信用评分模型研究
- 第7章　银行理财产品推荐建模分析

Chapter 5 第5章

银行VIP客户流失预警及归因分析

从本章开始，我们将介绍可解释机器学习在银行营销、风控、推荐系统等多个业务场景中的应用。在营销场景中，可解释机器学习不仅能识别目标客户，还可以基于可解释机器学习的局部解释功能，解释样本被预测为目标客户的原因，然后再制定有针对性的营销措施，这样做能提高营销效果。

本章将从实际业务角度出发，以“银行 VIP 客户流失预警及归因分析”为例，介绍可解释机器学习的知识在银行营销场景中的应用。在本章案例中，使用可解释机器学习的知识，不仅能捕捉 VIP 客户的流失信号，还能分析 VIP 客户流失的原因，然后根据流失原因制定有针对性的挽留措施。

5.1 案例背景

根据银行界的“二八定律”，20％的重点客户为银行贡献了 80％的利润，所以重点客户一直是各银行竞争的焦点。但是随着当下金融产品的不断同质化，再加上互联网金融企业的冲击，银行原有的重点客户的忠诚度也在逐渐下降，流失倾向正在变强。VIP 客户的流失会对银行的利润产生重大的影响，有研究表明，当 VIP 客户流失率减少 5%时，利润可以增长 25%以上，而且开发一个新 VIP 客户的成本，比挽留一个老 VIP 客户的成本高出 3 倍不止，也就是说，挽留一名即将流失的老客户，比拓展一名新客户成本更低，利润也更高。所以，如何提高客户粘性，降低客户流失率，对银行来说是一件非常重要的事情。

在本章案例中，某银行的 VIP 客户流失严重，传统的客户流失预警方法，主要是基于人工经验建立的简单规则来判断，这类方法主要存在如下两个问题：一方面，由于识别方法仅仅是基于人工经验建立的简单规则，所以这类方法的精度不高，对流失客户的识别效果也不够好；另一方面，由于简单的人工经验容易存在误差，所以这类方法难以获知客户流失的真正原因，制定的挽留措施没有针对性，因此挽留效果也不够好。

为了弥补传统的客户流失预警方法的不足之处，我们将在本章案例中，使用可解释机器学习的知识，分析历史数据的规律，建立客户流失预警及归因模型，该模型主要有如下两个优势：①识别精度很高，能够准确地获取客户即将流失的信号，在客户流失之前提前介入；②能够分析每个客户流失的原因，因此根据流失原因制定的挽留措施将更有针对性。

5.2　数据介绍

为了说明可解释机器学习在银行营销场景中的实际应用效果，本章案例使用的是某银行真实场景中的数据。出于保密性，本章案例中的数据不能公开，因此我们会在隐藏了需要保密的信息之后，再对建模结果进行介绍和分析。

以某个时间点为观测点，取观测点前 6 个月为观察期，取观测点后 3 个月为表现期，取观察期和表现期内的客户相关数据，作为本章案例的原始数据，在表现期之后，我们还会再取 3 个月的数据作为 OOT(Out Of Time)数据，用于跨时间验证，观察期和表现期的时间关系如图 5-1 所示。

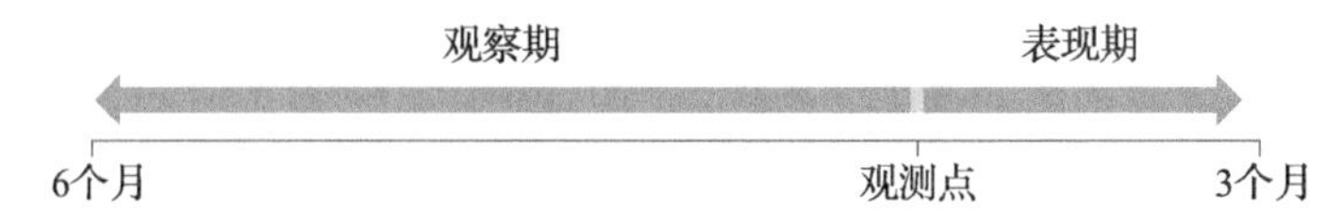

图 5-1 观察期和表现期的时间顺序关系图

注明：在包括流失预警在内的众多银行业务场景中，最常用的指标之一是 AUM(Asset Under Management)，其值分为时点值和均值两种。其中，时点 AUM 具有很大偶然性，比如，某客户在月底将资金全部转出，但两天后又转回来，则该客户月底的时点 AUM=0，月日均 AUM 却相对比较平稳。为了保证稳定性，本章案例中提到的所有 AUM 都是指“月日均 AUM”。

5.3 建模分析

5.3.1 目标定义

在本章案例中，我们使用降幅的方式来定义流失客户。在对业务背景进行充分调研分析之后，我们将目标客户定义为：过去一个月内，AUM 流失比例大于或等于 50%的客户为流失客户(对应的目标变量 $y=1$)，否则就为不流失客户(对应的目标变量 $y=0$)。

5.3.2　数据处理

在正式建模分析之前，我们通常需要对数据做一些预处理工作，主要包括数据清洗、特征工程和探索性分析。由于本章案例的重点在于可解释算法在银行营销场景中的应用，而且探索性分析含有比较多的数据信息，因此出于数据的保密性，我们在这里不会过多介绍探索性分析的结果，只是简要介绍数据清洗和特征工程的部分内容和处理思路。

1. 缺失值处理

处理缺失值的方法有很多，比较简单的方法包括直接剔除缺失比例过多的特征，或者填充均值、中位数、众数等；比较复杂的方法包括插值法、基于模型的方法等。具体采用哪种方法需要根据实际的业务场景来确定。

结合数据的实际意义，本章案例使用了两种方法来填充数据：对于像“客户购买理财产品金额”这类数据，如果缺失则在业务上意味着没有购买，所以这类特征的缺失值填 0；对于像“客户理财产品未来到期时间”这类数据，因为该值缺失也意味着没有购买，如果填 0 则表示当天到期，这不符合实际业务的含义，所以处理这类特征的值通常是直接填一个非常大的数（比如，99 999）表示缺失。

2. 特征衍生

在银行的实际业务场景中，原有的数据特征信息可能不够，这时我们需要衍生出一些新的特征，衍生方法主要包括基于统计量衍生和基于树模型衍生。具体的使用方法需要根据实际的业务场景来确定。

结合数据的实际意义，本章案例中的衍生特征主要有：金额类特征（如 AUM），用于计算其近期多段时间内（如近 1 周、近1个月等)的平均值和最小值；数量类特征(如转账次数)，用于计算其近期多段时间内(如近1周、近1个月等)的和与标准差；比例类特征(如活期AUM比例)，用于以周或月为单位计算其环比变动情况。这些新衍生的特征需要与原始特征一起用于后续业务分析的建模。

5.3.3 模型构建

为了保证模型的精度和计算效率，本章案例使用LightGBM作为预测客户是否流失的二分类模型。考虑到在实际的业务场景中，流失预警模型识别能力的重点在于其能够识别流失的客户，而且模型训练好后，要对后续的数据进行预测，所以除了常用的AUC(Area Under Curve)和KS(Kolmogorov-Smirnov)之外，还需要用召回率(Recall)来评价模型。

1. 流失预警的二分类模型

本章案例使用LightGBM作为预测客户是否流失的二分类模型，LightGBM是Boosting家族中的一员，主要由微软的研究团队提出。相比于Boosting家族的其他算法(比如，GBDT和XGBoost)，LightGBM的优势在于它能在保证非常高的模型精度的前提下，占用更小的内存，以及更快的训练速度。

虽然LightGBM在精度和效率上具有很大的优势，但是其可解释性比较差。使用LightGBM虽然可以准确地识别出有流失信号的客户，但是难以得知其流失的原因，因此我们还需要使用可解释机器学习中的SHAP和woe，分析客户流失的原因，再制定有针对性的挽留措施。

2. 模型评价

常见的模型评价指标是AUC和KS，但在不同的业务场景中，我们通常需要根据实际情况进行调整。在本章案例中，流失预警模型的重点是要能识别出有流失信号的客户，召回率(Recall)在流失预警模型中的含义是，流失的客户中有多少能被模型识别出来，所以我们需要关注模型的召回率。召回率越高，说明模型的识别效果越好。值得注意的是，当模型的召回率较低时，可以使用加权损失函数来训练模型：即在模型的损失函数中，将流失客户误判为不流失客户这种情况的权重变大。

本章案例使用LightGBM作为预测客户是否流失的二分类模型，同时还会使用AUC、KS和Recall来评价模型。流失预警模型的具体结果如表5-1所示。

表5-1　流失预警模型精度表

	AUC	KS	Recall
测试集数据	0.9	0.503	0.652
OOT数据	0.878	0.484	0.623

表5-1的结果显示：模型在测试集数据上和OOT数据上的精度都很不错，而且在OOT数据上的精度只略低于测试集的精度，说明该模型的稳定性也很好。值得注意的是，当模型稳定性不好时，可以通过剔除稳定性较差的特征来提高模型的稳定性，具体做法为计算每个特征（尤其是与时间有关的特征）的PSI（Population Stability Index，群体稳定性指标），剔除PSI>0.25的指标。

5.3.4　流失归因

前文使用LightGBM建立了流失预警模型，并且该模型能通过精度和稳定性检验，接下来我们再使用可解释机器学习的知识，对每个被预测为流失的客户进行流失归因。本章案例的流失归因共分为如下两个部分：第一部分使用 SHAP 找到导致每个客户发生流失最重要的几个特征；第二部分使用 woe 分析各个特征的不同取值对流失的影响，再在第一部分的几个重要特征中进行匹配，从而量化客户发生流失的原因，即他们在某些导致流失的重要特征上的取值达到多少。值得注意的是，为减少工作量，在实际操作中，通常只需要对被预测为流失客户的情况进行归因分析，不流失客户一般不需要做归因分析。

1. 基于 SHAP 寻找导致流失的重要因素

本章案例的主要目标是，分析每个被预测为流失的客户为什么会流失，可解释算法 SHAP 的局部解释，可以解释每个样本的预测结果是由哪些特征导致，以及如何导致的，所以我们可以先使用 SHAP 分析每个客户被预测为流失时，各个特征的影响程度。Python 的 SHAP 库对每个样本预测结果的归因解释，具有很好的可视化效果，如图 5-2 所示。

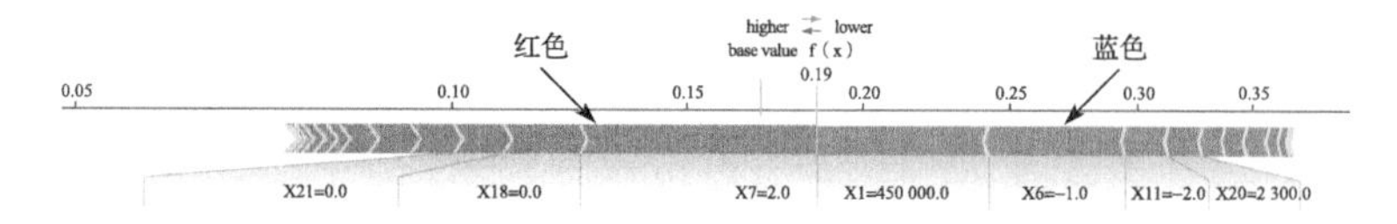

图 5-2 SHAP 对单个样本预测结果的归因解释图(见彩插)

图 5-2 中，样本预测为正的概率为 0.19，当预测概率的阈值为 0.5 时，该样本预测结果为负。SHAP 库使用加性的方式，来表示各个特征对预测结果的影响：图 5-2 左边的红色部分，表示对预测结果有正向影响的特征；右边的蓝色部分，表示对预测结果有负向影响的特征；白色的箭头是各个特征之间的分割线；相邻两个分割线之间的距离，表示对应特征值的影响。我们可以看到，x_7 取值为 2 对该样本具有最大正向影响，x_1 取值为 450 000 对该样本具有最大负向影响，以此类推，其

他特征也是如此分析，最后在所有特征的共同作用下，可以得到预测结果为 0.19。

理论上，我们可以使用图 5-2 所示的单个样本预测结果的归因解释图，对每个 VIP 流失客户进行分析，但在实际操作中，银行的 VIP 客户数量通常会比较多，其中流失客户的数量可能也不少。由于客户数量过于庞大，因此按照图 5-2 的方式逐个进行分析的方法，在实际操作中很难实现。

从图 5-2 中我们可以看到，有些特征对预测结果的影响程度很大，有些特征对预测结果的影响程度很小，为简化分析，我们可以选择一部分影响程度最大的特征代替全部特征。具体做法是，先计算每个流失客户 Shapley Value 取值为正的各个特征的占比，并按降序排序（取值为负的 Shapley Value，表示其导致客户不流失，这里只用计算取值为正的 Shapley Value），其中每个流失客户的第 i 个特征的 Shapley Value 占比如下：

$$\text{shapley Value rate}_i = \frac{\text{shapley Value}_i}{\sum \text{shapley Value}_i} (\text{shapley Value}_i > 0) \tag{5-1}$$

然后，再计算每个流失客户按 Shapley Value 占比降序后，前几个特征的占比之和，保留使 Shapley Value 占比之和达到 90%（或以上）时数量最小的前几个特征，作为导致其流失的重要特征，其余特征的影响程度较小，在这里可以忽略不计。值得注意的是，为了找到影响流失较大的重要因素，本章案例将选择 90%作为保留 Shapley Value 占比之和的阈值，实际中这一阈值可以灵活调节，如果希望保留较多重要特征，则可以适当提高该阈值，反之则可以降低该阈值。

本章案例中，最后保留下来的导致每个流失客户发生流失的重要特征为2～6个。出于数据的保密性和篇幅限制，这里以3个客户为例，表5-2展示了导致这3个客户流失的重要特征。

表5-2 导致客户流失的重要特征举例表

客户	导致流失的重要因素	Shapley Value 占比
客户1	活期AUM比例	40.6%
	理财产品未来到期时间	32.5%
	年龄	18%
客户2	理财产品未来到期时间	46.3%
	近一个月同名跨行转账次数	24.4%
	开户时间	21.3%
客户3	最近一次交易距今时间	62.4%
	理财产品未来到期时间	28.5%

表5-2中的第二列（导致流失的重要因素）中，以时间结尾的特征的取值单位都是"天"。其中，"理财产品未来到期时间"表示客户拥有的理财产品在未来到期的时间距离现在的天数，如"理财产品未来到期时间＝3"，即表示3天后有理财产品到期。

至此，我们完成了流失归因的第一步。这里使用可解释算法SHAP，得到了每个流失客户被预测为流失时，影响最大的几个因素。但我们还不清楚，每个因素的不同取值对预测结果的影响程度，关于这一点，我们将使用woe来进行分析。

2. 基于woe匹配流失原因

我们已经通过SHAP，得到了导致每个流失客户发生流失最重要的几个特征，接下来，我们将使用woe分析每个因素的不同取值对预测结果的影响程度，进一步完成流失归因。

woe（weight of evidence）是信用评分模型常用的一种编码方法，其基本原理为，对于某个离散特征（如果是连续特征，则需要先分箱），有：

$$\mathrm{woe}_i=\ln\left(\frac{T_i}{T_t}/\frac{F_i}{F_t}\right)=\ln\left(\frac{T_i}{F_i}/\frac{T_t}{F_t}\right)=\ln\left(\frac{T_i}{F_i}\right)-\ln\left(\frac{T_t}{F_t}\right) \tag{5-2}$$

其中，T_i 表示当前组的流失样本数，F_i 表示当前组的未流失样本数，T_t 表示所有样本中的流失样本数，F_t 表示所有样本中的未流失样本数。woe 表示当前分组中流失样本和不流失样本的比值与所有样本中这一比值的差异，woe 值越大，表示这种差异越大，从而该分组内的“流失样本/不流失样本”相比平均水平越高，该分组内样本流失的可能性就越大。

在本章案例中，我们可以对影响流失最重要的几个特征进行 woe 编码，某个特征经 woe 编码后，某区间内的 woe 值越大，表示该特征取值落在该区间内越可能导致流失。我们可以据此分析出，哪些重要特征的取值达到哪些范围有可能导致流失，从而量化导致流失的原因。在实际操作中，我们还需要把量化后的流失原因转化成符合业务逻辑的语言，从而得到适用于实际业务场景的流失原因。

下面我们以本章案例中的 3 个特征为例进行分析，展示其经过 woe 编码后，如何量化流失原因，以及如何将量化结果转化成符合业务逻辑的语言，具体分析结果如表 5-3 所示。

表 5-3　woe 编码转化为流失原因举例表

特征	woe 区间	woe 编码	量化结果	业务表达
开户时间	(−inf，188.5]	0.864 6	$x\leqslant180$	新开户
	(188.5，704]	0.593 1	$180<x<720$	开户时长较短
	(704，1 869.0]	0.086 1		
	(1 869，4 100.5]	−0.526 5		
	(4 100.5，inf]	−0.965		

（续）

特征	woe 区间	woe 编码	量化结果	业务表达
理财产品未来到期时间	(−inf，7.5]	1.543 6	$x\leqslant 7$	近 1 周有理财产品到期
	(7.5，20.5]	0.862 8	$7<x\leqslant 21$	近 1 至 3 周有理财产品到期
	(20.5，94]	0.009 4		
	(94，402.5]	−0.264		
	(402.5，2 310]	−0.675 9		
	(2 310，9 942]	−1.2133		
	(9 942，inf]	1.090 7	$x=99\,999$	当前未购买理财产品
活期AUM比例	(−inf，0.04]	−0.862 2		
	(0.04，0.11]	−0.19		
	(0.11，0.33]	0.055 4		
	(0.33，0.61]	0.932 6	$0.3<x\leqslant 0.6$	活期 AUM 占比为 30%至 60%
	(0.61，inf]	1.203 9	$x>0.6$	活期 AUM 占比超过 60%

从表 5-3 中我们可以看到：开户时间越短的区间对应的 woe 编码越大，这表明开户时间越短的客户越可能流失，而开户时间越长的老客户越不可能流失；对于理财产品未来到期时间，也是越小的区间对应的 woe 编码越大、缺失值所在的区间对应的 woe 编码也很大(5.3.2 节在介绍处理缺失值的方法时提到过，该特征缺失值通常填 99 999，对应区间为(9942，inf])，这表示理财产品到期时间越近和当前没有购买理财产品的客户越容易流失，而理财产品到期时间还很长的客户不容易流失；活期 AUM 比例越大的区间对应的 woe 编码越大，由于活期 AUM 的转出门槛比定期 AUM 和理财产品低，所以活期 AUM 比例越大的客户越容易流失，活期 AUM 比例越小的客

户越不容易流失。需要注意的是，表 5-3 中，woe 编码接近于 0，表示落在该区间内的特征值对流失的影响很小，woe 编码小于 0，表示落在该区间内的特征值对流失有负向影响（不流失），所以表 5-3 中的量化结果和业务表达，只选取了 woe 编码比 0 稍大一些的区间，woe 编码接近 0 或小于 0 的区间，不进行导致客户流失的归因分析。

对于每个流失客户，我们都按照表 5-3 所示的方式，对导致其流失的重要因素进行 woe 编码，并将量化结果转化成符合业务逻辑的语言，由此得到符合业务逻辑的流失原因。例如，导致某个客户流失的重要因素中，有“开户时间”这个特征（取值为 40），如果该客户的“开户时间”特征的 woe 编码结果对应于表 5-3 的第一行，那么该客户的流失原因之一可以解释为“新开户”。下面在表 5-2 的基础上列举这 3 个客户的流失原因，如表 5-4 所示。

表 5-4 客户流失原因举例表

客户	流失原因
客户 1	以活期存款为主、不购买理财产品、年轻客户
客户 2	近一周内有理财产品到期、近一个月同名跨行转账超过 5 笔、新开户
客户 3	近半年没有交易、不购买理财产品

目前，我们已经使用可解释机器学习的方法，分析了每个客户的流失原因，接下来我们将针对每个客户的流失原因，提供对应的挽留营销建议。

5.4 营销建议

可解释机器学习在营销场景中的最大意义在于，它可以解释目标客户会被预测为目标客户的原因。在本章案例中，我们使用可解释机器学习中的SHAP和woe，解释了客户发生流失的原因，本节将针对这些流失原因提供相应的营销建议。在实际的业务场景中，流失客户的数量往往会比较多，限于篇幅，这里就以表5-3列举的流失客户为例，提供相应的挽留营销建议。

对于客户1，该客户的流失原因是：①以活期存款为主；②不购买理财产品；③年轻客户。我们先对该客户进行简单的客户画像：该客户的存款以活期居多，而且比较年轻，可能是因为年轻人的理财意识比较弱，所以没有购买理财产品。针对这样的客户，我们建议向他推送一些理财的科普文章，也可以安排销售人员通过电话或手机银行App线上客服的方式，向他介绍一些理财知识和简单的理财产品，先提高其理财意识；再介绍一些风险较低的理财产品，进一步培养客户的理财兴趣和忠诚度，将活期存款逐步转化为理财产品或其他金融产品的形式。

对于客户2，该客户的流失原因是：①近一周内有理财产品到期；②近一个月同名跨行转账超过5笔；③新开户。同样，我们先对该客户进行简单的客户画像：该客户是新开户，近一个月有频繁的同名跨行转账，说明该客户近期将资金从本银行转到了其名下的其他银行账户中，再加上最近一周有理财产品到期，我们推测他很有可能会在这笔理财产品到期后，将到期的资金转出。针对这样的客户，可能他开户时间不久，对本银行的理财环境还不熟悉，购买的理财产品收益率没有达到预期，所以他才把资金转出到其他银行。我们建议查看他近期理财产品的收益率是否太低，向他推荐收益率更高的理财产品。

对于客户3，该客户的流失原因是：①近半年没有交易；

②不购买理财产品。同样，我们先对该客户进行简单的客户画像：该客户最近半年都没有发生过交易，属于不活跃客户，而且没有购买理财产品，这会进一步导致他不活跃。针对这样的客户，我们建议把近期的优惠活动优先推送给他，先吸引他提高活跃度；再评估其理财偏好，根据理财偏好的结果，向他推送相应的理财产品，以提高用户粘性。

5.5　代码展示

至此，我们已经介绍了本章案例的理论分析部分，接下来展示本章案例中主要用到的 Python 代码，具体如下：

```
import numpy as np
import pandas as pd
import lightgbm as lgb
from sklearn.metrics import roc_auc_score, roc_curve, confusion_
    matrix
from sklearn.model_selection import train_test_split
from shap import TreeExplainer

#流失预警的二分类模型。
class Churn_Model(object):
    def __init__(self, x, y):
        self.x=x
        self.y=y

#默认不进行 oot 数据验证,如果需要验证,则将参数 if_oot 设置为 1,同时
 输入 oot 数据。需要注意的是,这里的 oot 数据列的顺序,需要与建模数据
 完全保持一致。
    def lgbm(self, if_oot=0, oot_data= =None):
        x_train, x_test, y_train, y_test=self.data()
        model=lgb.LGBMClassifier(boosting_type='gbdt',
                                 objective='binary',
                                 metric='auc',
```

```
                                    n_jobs=-1)
    model.fit(x_train, y_train)
    y_test_pred_prob=self.predict(model, x_test)
    auc_test, ks_test, recall_test, thresholds_test =\ self.
        estimator(y_test, y_test_pred_prob)
    res_estimator=pd.DataFrame({'auc': auc_test,
                                'ks': ks_test,
                                'recall': recall_test},
                                index=['test data'])
    #输入的 oot 数据中,目标变量名为 Y。
    if if_oot ==1:
        oot_pred_prob=self.predict(model, oot_data.drop
            (columns=['Y']))
        auc_oot, ks_oot, recall_oot, thresholds_oot =\
            self.estimator(oot_data['Y'], oot_pred_prob)
        res_estimator=res_estimator.append([{'auc': auc_oot,
                                             'ks': ks_oot,
                                             'recall':
                                              recall_oot}])
        res_estimator.index=['test data', 'oot data']
    print(res_estimator)
    y_churn=self.predict(model, self.x)
    y_churn=pd.Series(y_churn, name='y_pred_prob')
    x_churn=pd.concat([self.x, y_churn], axis=1)
    x_churn=x_churn[x_churn['y_pred_prob'] >=thresholds_
        test]
    x_churn=x_churn.reset_index(drop=True).iloc[:,0:-1]
    return model, x_churn

def estimator(self, y_true, y_pred_prob):
    auc=roc_auc_score(y_true, y_pred_prob)
    fpr, tpr, thresholds=roc_curve(y_true, y_pred_prob)
    ks_th=pd.DataFrame({'ks': tpr - fpr, 'thresholds':
        thresholds})
    ks_thresholds=ks_th[ks_th.iloc[:, 0] ==ks_th.
        iloc[:, 0].max()]
    ks, thresholds=ks_thresholds.iloc[0, 0], ks_thresholds.
        iloc[0, 1]
    y_pred_prob[y_pred_prob >=thresholds]=1
```

```
        y_pred_prob[y_pred_prob < thresholds]=0
        cm=confusion_matrix(y_true, y_pred_prob)
        recall=cm[1, 1] / (cm[1, 0] + cm[1, 1])
        return round(auc, 3), round(ks, 3), round(recall, 3),
            thresholds

    def predict(self, model, x):
        return model.predict_proba(x)[:, 1]

    def data(self):
        return train_test_split(self.x, self.y)

#寻找导致流失客户发生流失,影响最大的前几个特征及对应的特征取值。这
 里 shap_value()的输入值,就是流失预警二分类模型 Churn_Model(x,
 y).lgbm()的输出结果。
def shap_value(model, x_churn):
    def select(x):
        m=int(len(x)/2)
        a, b=x[0:m], x[m:]
        b[b < 0]=0
        b=b.sort_values(ascending=False)
        b=b / np.sum(b)
        b=np.cumsum(b)
        l=len(b[b < 0.9])
        b=list(b[0:l + 1].index)
        res_select={}
        for i,li in enumerate(b):
            res_select[li]=a[li]
        return res_select
    explainer=TreeExplainer(model,link='logit')
    shap_value=explainer.shap_values(x_churn)[1]
    shap_value=pd.DataFrame(shap_value, columns=x_churn.
        columns)
    x_churn_shap_value=pd.concat([x_churn, shap_value], axis=1)
    res=x_churn_shap_value.apply(lambda x: select(x), axis=1)
    return res
```

5.6 本章小结

本章主要以“银行 VIP 客户流失预警及归因分析”为例，介绍了可解释机器学习的知识在银行营销场景中的应用。可解释机器学习在营销场景中的作用在于，它可以解释目标客户会被预测为目标客户的原因，再根据这一原因制定有针对性的营销措施，从而改善营销的效果。我们先使用 lightGBM 建立了预测 VIP 客户是否会流失的流失预警模型，再通过可解释机器学习中的 SHAP，找到了影响每个客户流失的重要因素，接下来使用 woe 分析各个重要因素的不同取值对预测结果的影响，并将 woe 的结果与 SHAP 得到的重要因素进行匹配，得到了每个 VIP 客户的流失原因，最后根据流失原因提出了有针对性的挽留措施，以改善营销的效果。

此外，我们还考虑了实际的营销成本，在营销成本充足的情况下，建议使用可解释机器学习，对每个 VIP 客户进行分析；如果是在营销成本不够充足的情况下，则可以使用可解释机器学习划分客群进行分析。

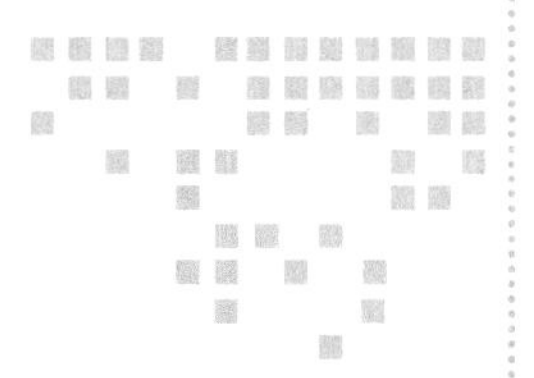

第6章 Chapter 6

银行个人客户信用评分模型研究

本章将从实际业务角度出发，以银行风控领域常见的信用评分模型为例，介绍内在可解释机器学习在信用评分模型场景中的应用。为进一步突出可解释机器学习的优势，本章将使用逻辑回归、XGBoost 和 GAMI-Net 这三种方法分别构建信用评分模型，最后从精度和模型可解释性的角度比较这三种方法的优势与不足。

6.1 案例背景

信用评分模型是银行风控业务中最常见的场景之一，主要分为申请评分卡（A 卡）、行为评分卡（B 卡）和催收评分卡（C 卡）三种。传统的信用评分模型主要是使用 woe 和 IV 来做特征工程，再基于逻辑回归构建“用户是否有风险”的二分类模型，最后将逻辑回归的预测值（用户有风险的概率）转化为信用得分。这种方法稳定性好，解释性强，但精度一般。到了现今的大数据时代，业内出现了很多精度更高、速度更快的机器学习算法(黑盒模型)，有一些机构开始将机器学习算法(黑盒模型)引入信用评分模型领域。比较常见的做法是，先基于一种机器学习算法(如 XGBoost)构建“用户是否有风险”的二分类模型，然后将 XGBoost 的预测值(用户有风险的概率)转化为信用得分，这种方法精度很高，通常不需要对特征做归一化和 woe 处理，但解释性较差，难以说明用户有风险的原因。总体来看，传统的方法解释性较强，但精度一般，而机器学习(黑盒模型)的方法精度很高，但解释性差。

在本章案例中，某银行的信用评分模型就遇到了精度不够高的问题，这很容易导致模型对用户有风险的概率的预测值不够准确，进而影响信用评分有效性的问题。但是如果换成精度很高的机器学习算法(如 XGBoost)，又会面临解释性较差的问题，比如，基于 XGBoost 构建一个精度很高的行为评分卡，某个用户虽然已经使用信用卡好几年，但是因为行为评分卡给出的信用评分不高，所以一直没有提额。如果我们想要进一步知道“是哪些因素导致该客户的信用评分低”诸如此类的问题，则很难通过基于 XGBoost 这种黑盒模型构建的评分模型给出解释。

基于这一背景，本章将使用 3.3 节介绍的 GAMI-Net 模型构建信用评分模型，GAMI-Net 是一种精度高且解释性好的模型，基于这一模型构建的信用评分模型，可以在精度和可解释性两个方面都获得不错的表现。此外，本章还会使用逻辑回归和 XGBoost 构建信用评分模型，最后从精度和模型解释性角度对这三种模型的结果进行比较。

6.2 数据介绍

为了说明可解释机器学习在银行风控场景中的实际应用效

果，本章案例使用的是银行真实场景中的数据。出于保密性，本章案例中的数据不能公开，因此我们会在隐藏了需要保密的信息之后，再来介绍和分析建模的结果。

下面以某个时间点为观测点，取观测点前 6 个月为观察期，观测点后 3 个月为表现期，取观察期和表现期内的客户相关数据作为本案例的原始数据(主要包括用户的基本属性、负债情况、资产情况和历史信用状况等)，在表现期之后，我们还会再取 3 个月的数据作为 OOT(Out Of Time)数据，用于跨时间验证，观察期和表现期的时间关系如图 6-1 所示。

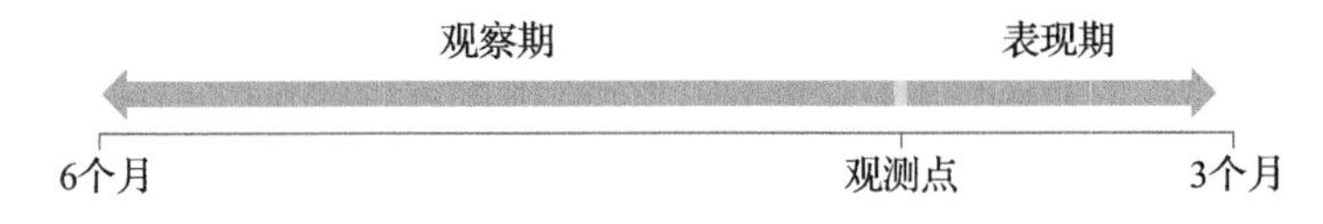

图 6-1　观察期和表现期的时间顺序关系图

6.3　建模分析

6.3.1　目标定义

在本章案例中，我们使用逾期天数的短长来定义样本的好坏。在对业务背景进行充分调研和滚动率分析之后，我们将目标客户定义为：逾期超过 59 天的客户为坏样本(对应的目标变量 $y=1$)；逾期小于 11 天的客户为好样本(对应的目标变量 $y=0$)；逾期天数在 11 至 59 天内的客户为灰样本，这部分客户需要从建模数据中剔除，不参与建模分析。

这里解释一下剔除灰样本的目的：一方面，如果不剔除灰样本，把逾期小于等于 59 天的客户都定义为好样本的话，那么逾期59天的客户和逾期60天的客户只相差了1天，只因为逾期相差1天就直接区分为好样本或坏样本，就会显得不够合理；另一方面，剔除中间状态的灰样本可以让样本的分布更趋向于二项分布，这对后面的建模部分会更友好。

6.3.2 数据处理

在正式建模分析之前，我们通常需要对数据做一些预处理工作，主要包括数据清洗、特征工程和探索性分析。由于本章案例的重点在于可解释算法在银行风控(信用评分模型)场景中的应用，而探索性分析含有比较多的数据信息，因此出于数据的保密性，我们在这里不会过多介绍探索性分析的结果，只对调整正负比例和特征衍生的部分内容进行简要介绍。

1. 调整正负比例

原始数据中的好坏样本比例不均衡，这类正负比例不均衡的数据将不利于建模，因此为了保证模型的效果，我们对数据进行了欠采样：即保留全部坏样本，从全体好样本中随机抽取部分好样本，抽取好样本的数量是坏样本的9倍，使数据中的坏好样本比为1∶9。最终，得到的总样本量为45万左右，其中坏好样本比为1∶9。

值得一提的是，使用抽样调整正负样本比例时，坏好样本比并不固定在1∶9，我们可以根据实际情况进行调整，一般保证在1∶5至1∶15之间都是可以的，具体抽多少要视情况而定。

2. 特征衍生

在银行的实际业务场景中，原有的数据特征信息可能不够，这时我们需要衍生出一些新的特征，主要的衍生方法有基于统计量衍生和基于树模型衍生。具体的使用方法需要根据实际的业务场景来确定。

结合数据的实际意义，本章案例中衍生的特征主要有：金额类特征(如历史上已批准的各个贷款的额度)，计算其最大值，最小值并求和；数量类特征(如24期还款状态中的逾期次数)，计算其最大值并求和；比例类特征(如贷记卡额度的使用率)，计算其比例。这些新衍生的特征需要与原始特征一起，用于后续业务分析的建模。

经特征衍生后，原始数据中的特征和衍生与新特征加起来一共有将近200个。

6.3.3 模型构建

为了得到精度高且解释性好的模型结果，本章将重点介绍基于GAMI-Net构建信用评分模型的思路，同时还会使用逻辑回归和XGBoost构建信用评分模型，最后从精度和可解释性角度对这三种模型的结果进行比较。

使用逻辑回归、XGBoost和GAMI-Net这三种方法构建评分模型时，模型给出用户有风险的概率之后，将概率转化为信用评分这一过程基本上是一致的，所以这里先统一介绍如何将概率转化为信用评分，再分别介绍这三种方法的建模过程和结果。

1. 信用评分

定义信用评分为：

$$\text{score}=A-B\times\log(\text{odds}) \tag{6-1}$$

其中，$\log(\text{odds})=\log\left(\frac{p}{1-p}\right)$，$p$是模型给出的用户有风险的概率，log(odds)称为对数几率函数，A和B是两个常数，只要确定了A和B的值，就能根据概率p计算信用评分

score。从式(6-1)可以得出，用户有风险的概率 p 越小，其信用评分越高，反之亦然。

在正式求解 A 和 B 之前，需要先做如下两个假设：①在某个特定的违约正常比 $odds=\theta_0$ 时，对应的分数为 P_0；②违约正常比翻倍时，分数的减少程度为 $\Delta P(\Delta P>0)$。从而可以得到两组点 (θ_0, P_0) 和 $(2\theta_0, P_0-\Delta P)$，将这两组点代入式(6-1)，可以求得 A 和 B：

$$A=P_0+B\log(\theta_0)$$

$$B=\Delta P/\log(2)$$

所以，只要确定了 θ_0、P_0 和 ΔP，就能根据概率 p 确定信用评分 score。一般来说，θ_0、P_0 和 ΔP 需要通过业务思维来确定。

在本章案例中，当 3 种模型对应的评分模型都设定 $\theta_0=1/60$ 时，$P_0=600$，$\Delta P=20$，计算得到 $A\approx482$，$B\approx29$，信用评分的公式为：

$$score=482-29\log(odds)$$

该公式表示用户有风险的对数几率值 log(odds) 每减少一个单位，对应的信用分数将增加 29 分；当用户有风险的概率 $p=0.5$ 时，对应的信用分数为 482 分。

2. 基于逻辑回归的信用评分模型

基于逻辑回归的信用评分模型的常规建模流程(不包含前期的数据清洗和探索性分析)如下：先对特征做 woe 编码；再使用 IV 值进行特征筛选，保留 IV 值>0.02 的特征用于入模；构建逻辑回归模型，输出 KS 值；如果 KS 值太低则从特征工程上调整模型，如果 KS 值精度合适，且模型结果能符合实际的业务逻辑，那么基本上就可以把模型确定下来了；再用确定好的逻辑回归预测用户有风险的概率 p，最后将概率 p 输入式(6-1)得到用户的信用分数。

(1) 特征工程——woe 中基于决策树的分箱

在本章案例中，基于逻辑回归的信用评分模型就是按照上述流程构建的，其中值得一提的是，woe 编码中使用了基于决策树的方法来分箱，而非常见的卡方分箱，下面就来简要介绍基于决策树的分箱思路。

对于每个(连续)特征，分别与目标变量(y)构建一棵决策树，即一个(连续)特征与目标变量(y)构建一棵决策树，以决策树终节点的规则作为该特征的分箱区间。为获得合理的分箱数量，建议设置决策树的 max_depth＝2、3 或 4。例如，对年龄做决策树分箱时，以年龄为自变量，与目标变量(y)建立的决策树如图 6-2 所示。

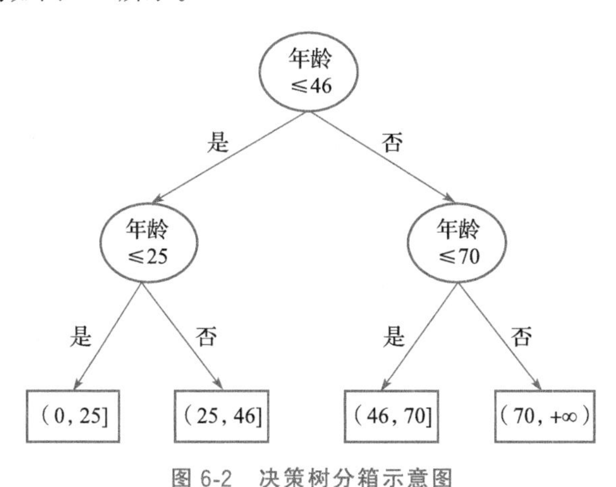

图 6-2 决策树分箱示意图

根据图 6-2 的结果，我们可以将年龄分为(0，25]、(25，46]、(46，70]和(70，＋∞)共 4 个区间，再对各个区间分别做 woe 编码，得到的 woe 编码结果的示例如表 6-1 所示。

表 6-1 基于决策树分箱得到的年龄 woe 编码示例表

区间	(0，25]	(25，46]	(46，70]	(70，+∞)
woe 编码值	−0.322 1	0.124	0.416 4	0.562 2

之后再按照上述流程描述的思路，进行特征筛选和建模分析，下面就来介绍逻辑回归的建模结果。

(2) 模型精度

下面我们介绍逻辑回归的精度，其结果如表 6-2 所示。

表 6-2 逻辑回归精度表

训练集 KS 值	测试集 KS 值	OOT 数据 KS 值
0.37	0.352	0.344

根据表 6-2 的结果可知，逻辑回归的稳定性比较好，但精度一般。

(3) 解释重要特征

出于数据的保密性，这里只对逻辑回归结果中，系数为正且较大的两个特征和系数为负且较小的两个特征进行简要分析，同时，只公布系数的正负性，不公开系数的具体取值。逻辑回归结果中的重要特征系数及正负性示例如表 6-3 所示。

表 6-3 逻辑回归重要特征系数正负性表

重要特征	系数正负性
当前未结清贷款数	+
征信查询次数	+
贷记卡账龄	−
批准的贷款额度最大值	−

根据表 6-3 的结果可知：当前未结清的贷款数和征信查询次数，对用户的风险有正向影响；而贷记卡账龄和批准的

贷款额度最大值，对用户的风险有负向影响。表 6-3 的模型结果也比较符合业务的逻辑：①当用户未结清的贷款数量增加时，该用户面临的还款压力会上升，因此风险也会随之上升；②当用户的征信查询次数增加时，可能暗示该用户对自身的信用不自信，而不自信的原因，很大程度上是因为自身信用不够好，故风险也会随之上升；③贷记卡账龄表示用户的用卡时长，一般来说，用卡时间较长的老用户其风险会比新用户低，所以贷记卡账龄增加时，风险会减少；④银行为用户发放贷款时，通常会对用户的信用状况进行审查，信用越好的用户能够获得的贷款将会越多，所以能获批的贷款额度越大，代表其信用越好。

除此之外，逻辑回归还可以得知各个特征的影响值大小，从而可以进一步量化各个特征是如何影响用户风险的。例如，当前未结清贷款数这一特征的系数是 a，这表示当前未结清的贷款数增加 1 个单位时，用户风险的对数几率值会增加 a 个单位。出于数据的保密性，这里没有公开各个特征系数的取值，只是对逻辑回归的部分重要特征做了定性分析，但逻辑回归的结果是可以做一些定量分析的。

（4）解释评分模型

逻辑回归的表达式为 $\ln\left(\frac{y}{1-y}\right)=w_0+w_1x_1+w_2x_2+\cdots+w_dx_d$，而信用评分模型的计算公式为 $\text{score}=A-B\times\log(\text{odds})=A-B\times\log\left(\frac{y}{1-y}\right)$。然后，我们可以将信用评分模型公式中的 $\log\left(\frac{y}{1-y}\right)$ 进一步替换为逻辑回归表达式右边的线性组合，可以得到：

$$
\begin{aligned}
\text{score} &= A - B(w_0 + w_1 x_1 + w_2 x_2 + \cdots + w_d x_d) \\
&= (A - Bw_0) - Bw_1 x_1 - Bw_2 x_2 + \cdots + (-Bw_d x_d)
\end{aligned}
\tag{6-2}
$$

由于 w_0、w_1、w_2、…、w_d 是逻辑回归中的截距项和特征系数，它们都可以被计算出来，因此 A 和 B 的值也是可以计算出来的。为了简化表达，我们使用 k_0、k_1、k_2、…、k_d 分别表示式(6-2)中的 $A-Bw_0$、$-Bw_1$、$-Bw_2$、…、$-Bw_d$，式(6-2)可以转化为：

$$
\text{score} = k_0 + k_1 x_1 + k_2 x_2 + \cdots + k_d x_d \tag{6-3}
$$

从而，信用评分与特征的关系转化为了线性形式，这对我们理解用户信用分数的组成提供了很好的解释，通过式(6-3)，我们可以看到各个特征是如何影响用户的信用分数的。总体来看，基于逻辑回归的信用评分模型能够获得很好的可解释性，但模型精度一般。

3. 基于 XGBoost 的信用评分模型

基于逻辑回归的信用评分模型具有很好的可解释性，但是精度一般，为此，我们使用 XGBoost 来构建精度更高的信用评分模型。

基于 XGBoost 的信用评分模型其常规建模流程，与基于逻辑回归的信用评分模型类似，但因为 XGBoost 对输入特征的大小不敏感，不需要对特征做归一化处理，所以 XGBoost 在建模时特征工程的工作量会比逻辑回归少一些。由于在训练模型时，使用 XGBoost 默认参数得到的训练集 KS 值，比测试集 KS 值多了 0.18，这表示模型出现了过拟合，因此我们需要通过控制 XGBoost 中的 n_estimators 和 max_depth 这两个超参数来缓解过拟合现象，经过多次尝试后，我们可以发现当 n_estimators=45 和 max_depth=4 时，模型的效果最好(精度高且过拟合现象接近消失）。至此，模型已经训练好了，下面就来分析模型的精度和解释性。

（1）模型精度

下面我们介绍 XGBoost 的精度，其结果如表 6-4 所示。

表 6-4　XGBoost 精度表

训练集 KS 值	测试集 KS 值	OOT 数据 KS 值
0.429	0.42	0.413

根据表 6-4 的结果可知，XGBoost 的精度很高，训练集、测试集和 OOT 数据的 KS 值都比逻辑回归的结果高出一截。

（2）解释重要特征

出于数据的保密性，这里只会简要介绍 XGBoost 的特征重要性排名靠前的 4 个特征，而不会给出特征重要性的取值。这 4 个重要的特征分别是：①征信查询次数；②贷记卡账龄；③当前已使用贷款占总额度的比例；④收入。这与逻辑回归中重要特征的结果有一定程度的相似性。

我们通过 XGBoost 只能得知特征的重要性，这不仅无法量化各个特征对目标变量的影响值，而且连各个特征对目标变量的影响是正向还是负向都难以得知。例如，我们只知道征信查询次数这个特征对建模很有用，这个特征对目标变量（y）的区分度很高，却不知道当这个特征取值越大时，目标变量（y）会变大还是变小？更不知道目标变量（y）变大或变小的程度是多少？

（3）解释评分模型

由于 XGBoost 难以像逻辑回归那样，给出各个特征与目标变量之间简洁的关系，所以基于 XGBoost 的信用评分模型，也很难像式（6-3）那样给出信用分数与特征之间简洁的关系，这对我们理解用户信用分数的组成带来了很大的困难。总体来看，基于 XGBoost 的信用评分模型能够获得很高的精度，但可解释性较差。

4. 基于 GAMI-Net 的信用评分模型

前面介绍的基于逻辑回归的信用评分模型具有很好的可解释性，但精度一般；而基于 XGBoost 的信用评分模型具有很好的精度，但可解释性差。为了能够同时获得较高的精度和良好的可解释性，我们建议使用 GAMI-Net 来构建信用评分模型。接下来，我们将重点介绍基于 GAMI-Net 的信用评分模型。需要注意的是，GAMI-Net 在建模时，连续特征需要做归一化。

(1) 模型精度

下面我们介绍 GAMI-Net 的精度，其结果如表 6-5 所示。

表 6-5 GAMI-Net 精度表

训练集 KS 值	测试集 KS 值	OOT 数据 KS 值
0.414	0.401	0.39

根据表 6-5 的结果可知，GAMI-Net 的精度比较高，训练集、测试集和 OOT 数据的 KS 值，都比逻辑回归的结果要高一些，比 XGBoost 的要低一些。虽然 GAMI-Net 的精度没有 XGBoost 高，但它在 OOT 数据的 KS 值已经到达了 0.39，如果其能在可解释性上具有较大的优势，那么 GAMI-Net 的精度就不失为一个不错的结果。

(2) 解释重要特征

出于数据的保密性，这里只对 GAMI-Net 的特征重要性排名靠前的 4 个特征做简要介绍，而不给出特征重要性的取值，且 GAMI-Net 给出的重要特征与逻辑回归或 XGBoost 的结果有比较大的相似性。这 4 个特征的全局重要性图如图 6-3 所示。

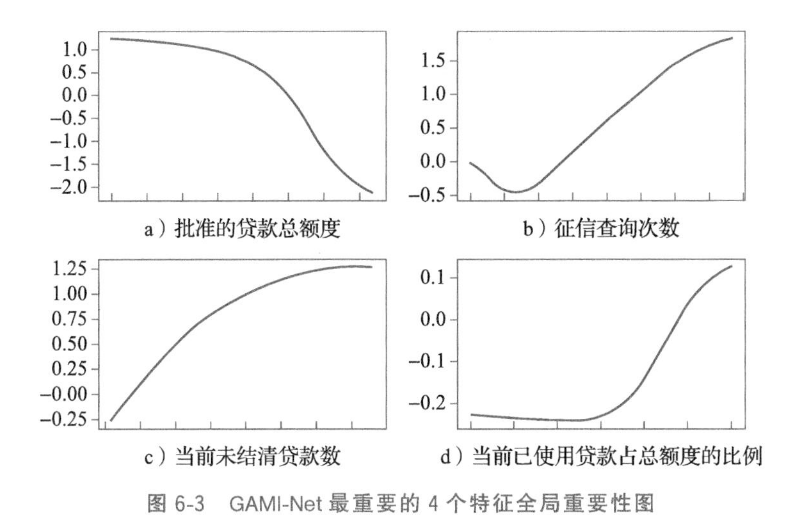

图 6-3　GAMI-Net 最重要的 4 个特征全局重要性图

从图 6-3 的结果可知，批准的贷款总额度对用户的风险有负向影响，而征信查询次数、当前未结清的贷款数和当前已使用贷款占总额度的比例，对用户的风险有正向影响。图 6-3 的模型结果也符合业务的逻辑：①通常，银行给用户发放贷款时会对用户的信用状况进行审查，信用越好的用户能获得的贷款越多，所以批准的贷款总额度越大，代表信用越好；②当用户的征信查询次数增加时，可能暗示该用户对自身的信用不自信，而不自信的原因很大程度上是因为自身信用不够好，因此风险也会随之上升（但不排除有些用户只是单纯地因为对征信报告好奇而去查询，不过，因为好奇而去查报告的用户只会偶尔查，查询次数通常会很少，所以图 6-3b 显示用户风险先随征信查询次数的小幅上升而略微下降，再随征信查询次数的上升而上升，这一点也是符合业务逻辑的）；③当用户未结清的贷款数量增加时，该用户面临的还款压力会上升，因此风险也会随之上升；④通常，用户背负的贷款在一定范围内时，风险不会太大，当用户背负的贷款超过一定范围之后，风险才会上升。例如，用户使用贷款的额度占批准总额度的比例从5%增加到25%时，风险都不会太大，但如果从75%增加到95%时，风险就会上升。所以，图6-3d显示当前已使用贷款占总额度的比例在50%以内，用户风险都保持在很小的值，但当前已使用贷款占总额度的比例超过50%时，用户风险随之上升，这一点也是符合业务逻辑的。

除此之外，GAMI-Net还可以得知各个特征的影响值大小，从而可以进一步量化各个特征是如何影响用户风险的。例如，某个客户批准的贷款总额度这一特征的结果是$h_1(x_1)$(3.3节的式(3-22))，这表示该用户风险的对数几率值中，批准的贷款总额度的贡献值为$h_1(x_1)$。

需要注意的是，逻辑回归和GAMI-Net的重要特征中都有征信查询次数这个特征，这两个模型对这个特征的解读存在一点差异，但这并不矛盾，下面再来深入分析一下。逻辑回归中，征信查询次数这个特征对应的系数是正数，这表示征信查询次数上升，用户的风险会增加。GAMI-Net中，征信查询次数这个特征总体上也与用户风险呈现正相关的关系(这与逻辑回归的结果类似)，只是用户风险会先随征信查询次数的小幅上升而略微下降，再随征信查询次数的上升而上升。这是因为逻辑回归以线性形式来描述特征与目标变量(对数几率函数)之间的关系，而GAMI-Net使用的是基于神经网络的加性模型来描述这一关系，相较于逻辑回归的线性形式，这种形式更加灵活，GAMI-Net不仅捕捉到了征信查询次数与用户风险之间的正相关关系，还发现了用户风险先随征信查询次数的小幅上升而略微下降然后再上升，这一更深层次的规律。

（3）解释个体

GAMI-Net 不仅能在全局上给出各个特征对目标变量的影响，还能从个体上解释单个客户预测结果的由来。下面以两个客户为例，介绍 GAMI-Net 如何进行个体解释。图 6-4 和图 6-5 都是 GAMI-Net 给出的单个样本解释图，图 6-4 是预测为正（有风险）的个体解释图，图 6-5 是预测为负（无风险）的个体解释图，这两幅图各自解释了对应样本预测结果的由来。出于数据的保密性，两幅图都没有介绍各个特征的具体含义。下面就来结合两幅图的结果（给出部分重要特征的含义），分别对客户提取画像信息，并分析预测结果的由来。

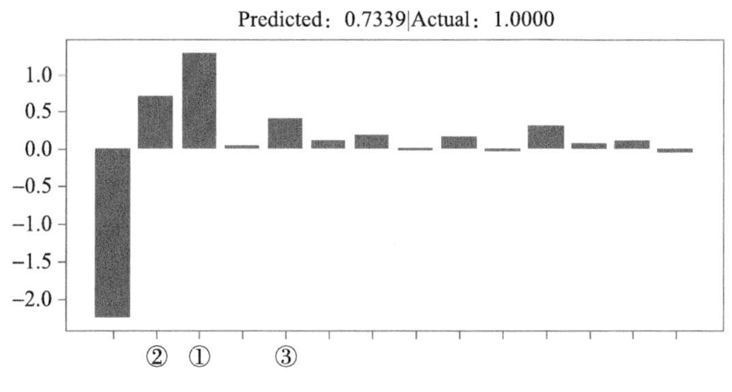

图 6-4　GAMI-Net 个体（预测为正）解释图

图 6-4 上方显示的是预测该样本有风险的概率（0.7339）和实际取值（实际为 1），该样本预测正确。图 6-4 中，除了最左边的截距项之外，最长的 3 根柱子所代表的特征和对应取值分别是：①征信查询次数（24 次）；②批准的贷款总额度（7000 元）；③近 24 期逾期的贷款账户数比例（100%）。这里的序号与图 6-4 横坐标标识的序号一致。

我们可以看到，该客户全部的贷款账户在近 24 期内都发生过逾期，这表示该客户存在较大风险；而他的征信记录查询了 24 次，这表示该客户对自身的信用状况不自信，进一步暗示了该客户的信用可能不好；该客户能批准到的贷款总额度只有 7000 元，这说明金融信贷机构对该客户的信用评估也只有一般。通过这样的方式，我们可以得出该客户的画像信息：这是一个金融信贷机构认为信用一般的客户(批准的贷款总额度只有 7000 元)，他的贷款账户在近 24 期内全部逾期，而且近期还多次查询自己的征信记录，所以我们可以认为该客户存在很大的风险。这也解释了该客户会被预测为有风险的原因。

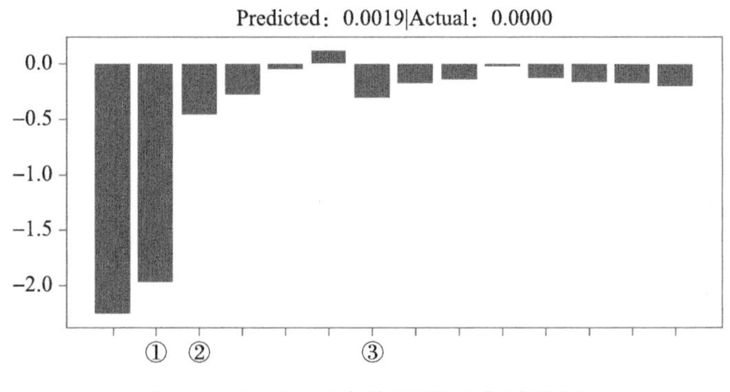

图 6-5 GAMI-Net 个体(预测为负)解释图

图 6-5 上方显示的是预测该样本有风险的概率(0.0019)和实际取值(实际为 0)，该样本预测正确。图 6-5 中，除了最左边的截距项外，最长的 3 根柱子所代表的特征和对应取值分别是：①批准的贷款总额度(900 万元)；②征信查询次数(1 次)；③近 24 期逾期的贷记卡账户数比例(0%)。这里的序号与图 6-5 横坐标标识的序号一致。

我们可以看到，该客户的贷记卡账户在近 24 期内全都没有发生过逾期，这表示该客户近 2 年内的信用都比较好；他的征信记录只查询了 1 次，这表示该客户对自身的信用状况还是比较自信的，同时也暗示他本身的信用记录可能也很好；而且客户能够批准到 900 万元的贷款，这说明其他信贷机构对该客户的信用评估比较好，才会给他批准这么多的贷款。由此我们可以得出该客户的画像信息：这是一个金融信贷机构认为信用很好的客户（批准的贷款总额度有 900 万元），他的贷记卡账户在近 24 期内都没有发生过逾期，而且近期还没怎么查过征信记录，所以我们可以认为该客户的风险极低。这也解释了该客户被预测为风险极低的原因。

上述两个样本展示了 GAMI-Net 提供的个体解释方法，从中我们不仅可以清晰地看到每个样本预测结果的由来，还可以量化各个特征对预测结果的影响程度（柱状图中各个特征对应柱子的长度，即 GAMI-Net 公式中 $h_j(X_j)$ 的绝对值）。

（4）解释评分模型

GAMI-Net 的表达式为 $g(E(Y|X))=\mu+\sum_{j\in S_1}h_j(X_j)+\sum_{(j,\ l)\in S_2}f_{jl}(X_j,\ X_l)$，为简化表达，我们假设没有交互项，取连接函数为 logit 函数，则 GAMI-Net 的表达式可以简化为 $\ln\left(\frac{y}{1-y}\right)=\mu+h_1(x_1)+h_2(x_2)+\cdots+h_d(x_d)$，而信用评分模型的计算公式为 $\text{score}=A-B\times\log(\text{odds})=A-B\times\log\left(\frac{y}{1-y}\right)$。然后，我们可以将信用评分模型公式中的 $\log\left(\frac{y}{1-y}\right)$ 进一步替换为 GAMI-Net 表达式右边的加性部分，可以得到：

$$\begin{aligned}\text{score}&=A-B(\mu+h_1(x_1)+h_2(x_2)+\cdots+h_d(x_d))\\&=(A-B\mu)-Bh_1(x_1)-Bh_2(x_2)+\cdots+(-Bh_d(x_d))\end{aligned}\tag{6-4}$$

由于 μ 是 GAMI-Net 中的截距项，因此 A 和 B 的值是可以计算出来的，为了简化表达，我们用 k_0 表示式(6-4)中的 $A-B\mu$，式(6-4)可以转化为：

$$\text{score}=k_0+(-B)h_1(x_1)+(-B)h_2(x_2)+\cdots+(-B)h_d(x_d) \tag{6-5}$$

信用评分与特征的关系因此转化为加性形式，这也能为我们理解用户信用分数的组成提供很好的解释，通过式(6-5)，我们可以看到各个特征是如何影响用户的信用分数的。总体来看，基于 GAMI-Net 的信用评分模型，不仅能获得比较高的精度，还能获得很好的可解释性。

6.4 三种方法对比

本节将从精度和可解释性的角度对比基于逻辑回归、XGBoost 和 GAMI-Net 这三种方法的评分模型的效果。

1. 精度

这里以 OOT 数据的 KS 值作为精度对比的评价指标，三种方法的精度如表 6-6 所示。

表 6-6 三种方法的精度对比表

基于逻辑回归的 KS 值	XGBoost 的 KS 值	GAMI-Net 的 KS 值
0.344	0.413	0.39

根据表 6-6 的结果可知，XGBoost 的精度最高，GAMI-Net 次之，基于逻辑回归的精度最低。GAMI-Net 的精度虽然没有 XGBoost 那么高，但能在 OOT 数据上取得 0.39 的 KS 值，也不失为一个不错的结果。

2. 可解释性

下面从特征解释性和评分模型解释性的角度出发来对比这

三种方法，三种方法的可解释性对比信息如表 6-7 所示。

表 6-7　三种方法的可解释性对比表

模型	特征解释性	评分模型解释性	可解释评价
逻辑回归	以线性形式呈现特征与目标变量（对数几率函数）的关系	信用评分表示为特征的线性组合	很好
XGBoost	只知道重要特征，不知道特征如何影响目标变量	几乎不可解释	差
GAMI-Net	以加性形式呈现特征对目标变量（对数几率函数）的关系	信用评分转化为特征的加性形式	很好

根据表 6-7 的结果可知，精度最高的 XGBoost 的可解释差，GAMI-Net 和逻辑回归的可解释性都很好，二者优秀的可解释性表现在：①都可以清晰地解释特征如何影响目标变量（对数几率函数）；②都可以将信用评分转化为特征的线性组合或加性形式，这能为解释分数的由来提供很好的依据。

3. 小结

下面我们将三种方法的精度和可解释性结果放在一起，综合对比模型的效果，找出最优的模型结果，对比结果如表 6-8 所示。

表 6-8　三种方法的可解释性对比表

模型	精度	可解释性
逻辑回归	★	★★★
XGBoost	★★★	★
GAMI-Net	★★	★★★

根据表 6-8 的结果可知，综合考量精度和可解释性后，GAMI-Net 的效果是最好的，它不仅拥有较好的精度，而且可解释性也接近逻辑回归的水平，所以我们选择 GAMI-Net 作为本章信用评分模型的最优模型，来构建本章案例中的信用评分模型。

6.5 代码展示

下面展示的是本章案例中需要用到的 Python 代码：

```
import math
import numpy as np
import pandas as pd
import xgboost as xgb
import tensorflow as tf
from sklearn.preprocessing import MinMaxScaler, OrdinalEncoder
from sklearn.model_selection import train_test_split
from sklearn.linear_model import LogisticRegression
from sklearn.metrics import roc_curve
from gaminet import GAMINet
from gaminet.utils import local_visualize
from gaminet.utils import global_visualize_density


#计算训练集、测试集、OOT 数据的 KS 值。
def KS(y_train, y_pred_prob_train, y_test, y_pred_prob_test, y_oot,
   y_pred_prob_oot):
    def KS_i(y, y_pred_prob):
        fpr, tpr, thresholds=roc_curve(y, y_pred_prob)
        ks=max(tpr - fpr)
        return round(ks, 3)
    return pd.DataFrame([{'KS_train': KS_i(y_train, y_pred_prob_
        train),
                   'KS_test': KS_i(y_test, y_pred_prob_test),
                   'KS_oot': KS_i(y_oot, y_pred_prob_oot)}])


#逻辑回归。
def Logistic(x, y, x_oot, y_oot):
    x_train, x_test, y_train, y_test=train_test_split(x, y)
    model=LogisticRegression()
    model.fit(x_train, y_train)
    coef=model.coef_
```

```
    coef=pd.DataFrame(coef, columns=x.columns).T
    coef.columns=['lr_coef']
    y_pred_prob_train=model.predict_proba(x_train)[:, 1]
    y_pred_prob_test=model.predict_proba(x_test)[:, 1]
    y_pred_prob_oot=model.predict_proba(x_oot)[:, 1]
    ks=KS(y_train, y_pred_prob_train, y_test, y_pred_prob_test,
        y_oot, y_pred_prob_oot)
    return ks, coef

ks_lr, coef_lr=Logistic(x, y, x_oot, y_oot)


#xgboost
def Xgboost(x, y, x_oot, y_oot):
    x_train, x_test, y_train, y_test=train_test_split(x, y)
    model xgb.XGBClassifier(n_estimators=45,
                            max_depth=4,
                            objective='binary:logistic')
    model.fit(x_train, y_train)
    f_imp=model.feature_importances_
    f_imp=pd.DataFrame(f_imp.T, columns=['xgb_f_imp'], index=
        x.columns)
    y_pred_prob_train=model.predict_proba(x_train)[:, 1]
    y_pred_prob_test=model.predict_proba(x_test)[:, 1]
    y_pred_prob_oot=model.predict_proba(x_oot)[:, 1]
    ks=KS(y_train, y_pred_prob_train, y_test, y_pred_prob_test, y_
        oot, y_pred_prob_oot)
    return ks, f_imp

ks_xgb, f_imp_xgb=Xgboost(x, y, x_oot, y_oot)


#GAMI-Net
#GAMI-Net 建模前的数据预处理工作。
def gam_data_process(data, meta_info, con_list):
    data.loc[:, con_list]=(np.sign(
       data.loc[:, con_list]).values * np.log10(np.abs(data.loc
          [:, con_list]) + 1))
    x, y=data.iloc[:, 0:-1].values, data.iloc[:, [-1]].values
```

```
    xx=np.zeros(x.shape)
    task_type="Classification"
    for i, (key, item) in enumerate(meta_info.items()):
        if item['type']=="continuous":
            sx=MinMaxScaler((0, 1))
            xx[:, [i]]=sx.fit_transform(x[:, [i]])
            meta_info[key]["scaler"]=sx
        elif item['type']=="categorical":
            enc=OrdinalEncoder()
            enc.fit(x[:, [i]])
            ordinal_feature=enc.transform(x[:, [i]])
            xx[:, [i]]=ordinal_feature
            meta_info[key]["values"]=enc.categories_[0].tolist()
        else:
            enc=OrdinalEncoder()
            enc.fit(y)
            y=enc.transform(y)
            meta_info[key]["values"]=enc.categories_[0].tolist()
    return xx, y, task_type, meta_info

oot_x, oot_y, task_type, meta_info=gam_data_process(oot_data, meta_
    info, con_list)
x, y, task_type, meta_info=gam_data_process(data, meta_info, con_
    list)
#这里的 meta_info 类似于 3.3 节 GAMI-Net 代码展示中 meta_info 的形
 式,con_list 是指连续特征名组成的列表。出于数据的保密性,这里就不
 在 meta_ingo 和 con_list 中展示特征的信息了。

#构建 GAMI-Net 模型。
def Gaminet(x, y, oot_x, oot_y, task_type, meta_info):
    x_train, x_test, y_train, y_test=train_test_split(x.astype
        (np.float32), y, random_state=0)
    model=GAMINet(meta_info=meta_info,
                  interact_num=20,
                  interact_arch=[20, 10],
                  subnet_arch=[20,10],
                  task_type=task_type,
                  activation_func-tf.tanh,
                  batch_size=min(500,int(0.2 * x_train.shape[0])),
```

```
                    lr_bp=0.001,
                    main_effect_epochs=40,
                    interaction_epochs=20,
                    tuning_epochs=20,
                    loss_threshold=0.01,
                    verbose=True,
                    val_ratio=0.2,
                    early_stop_thres=100)
    model.fit(x_train, y_train)
    x_train=x_train[model.tr_idx, :]
    y_train=y_train[model.tr_idx, :]
    y_pred_prob_train=model.predict(x_train)
    y_pred_prob_test=model.predict(x_test)
    y_pred_prob_oot=model.predict(oot_x)
    ks=KS(y_train, y_pred_prob_train, y_test, y_pred_prob_test,
        oot_y, y_pred_prob_oot)
    return ks, model

ks_gam, model=Gaminet(x, y, oot_x, oot_y, task_type, meta_info)


#全局解释。
data_dict=model.global_explain(save_dict=False)
global_visualize_density(data_dict)

#个体解释,解释第 i 个样本。
i=0
data_dict_local=model.local_explain(x[[i]], y[[i]], save_dict=
    False)
local_visualize(data_dict_local)


#根据模型给出的用户有风险的概率,计算信用评分。
def Credit_Score(prob, theta0, p0, delta):
    prob_ratio=prob / (1 - prob)
    b=delta / math.log(2)
    a=p0 + b * math.log(theta0)
    score=[]
    for i in range(len(prob_ratio)):
```

```
        score_i=a - b * math.log(prob_ratio[i])
        score.append(int(score_i))
    return pd.Series(score)


y_pred_prob=model.predict(x)
score=Credit_Score(prob=y_pred_prob, theta0=1 / 60, p0=600,
delta=20)
```

6.6 扩展思考：基于规则的特征衍生

特征工程是建模分析中非常重要的步骤之一，很多时候我们会基于已有的数据衍生一些新的特征，衍生的方法主要分为统计量衍生(如均值、方差)和树模型衍生。此外，我们也可以用 3.5 节介绍的 Falling Rule Lists 方法来生成一些规则，再基于这些规则进行特征衍生。下面以本章案例使用的部分数据为例，介绍基于 Falling Rule Lists 生成的规则来衍生特征的基本思路。

目前，Falling Rule List 主要是通过“fpgrowth”包来实现，因为该包要求输入的特征是二分类形式(0 或 1)，因此我们首先需要将连续的特征和多分类的特征转化成二分类的特征。对于连续特征，我们可以利用“分位数分箱+one hot 编码”的方法进行二分类划分。例如，对于年龄特征，根据分位数分箱可以得到(0，25]、(25，45]、(45，70]、(70，+∞)四个箱，再利用 one hot 编码，将其转化为四个二分类特征，例如，年龄为 22 的客户对应的特征会转变为[1，0，0，0]的形式。对于多个分类的特征，我们可以利用众数进行二分类划分，例如，对于进件方式，办卡最多的进件渠道是网点办卡，那么进件方式就可以划分为“网点办卡渠道”和“其他渠道”。

数据处理好之后，就可以使用 Falling Rule Lists 来输出规则，下面以输出结果中的 3 条规则为例(如表 6-9 所示)，展示如何通过这些规则来衍生新特征。

表 6-9　Faling Rule Lists 输出的规则示例表

概率	规则	支持度
0.356	['x19=1', 'x7=2']	79 548
0.293 48	['x10=0', 'x3<=25', 'x9<=100 000']	126 372
0.275 54	['x8>4']	75 920

在表 6-9 的结果中，第一列表示符合对应规则的违约概率，第二列是输出的具体规则，第三列是规则对应的支持度，因为 Falling Rule Lists 的规则是通过关联规则产生的，所以这里的支持度是关联规则算法给出的，接下来我们主要分析第二列的结果。

在表 6-9 第一行的结果中，$x19=1$ 表示进件方式为网点办卡，$x7=2$ 表示客户等级为普通客户，根据这条规则，我们可以生成一个新特征 $z1$：当 $x19=1$ 且 $x7=2$ 时，$z1=1$；否则，$z1=0$；$z1$ 的含义为是否属于网点办卡的普通客户。在表 6-9 第二行的结果中，$x10=0$ 表示未在本银行办理贷记卡，$x3\leqslant 25$ 表示年龄在 25 岁以下，$x9\leqslant 100\ 000$ 表示年收入在 10 万以下，根据这条规则，我们可以生成一个新特征 $z2$：当 $x10=0$、$x3\leqslant 25$ 且 $x9\leqslant 100\ 000$ 时，$z2=1$；否则，$z2=0$；$z2$ 的含义为是否属于 25 岁以下、年收入在 10 万以下且未在本行办理贷记卡的客户。在表 6-9 第三行的结果中，$x8>4$ 表示征信查询次数超过 4 次，根据这条规则，我们可以生成一个新特征 $z3$：当 $x8>4$ 时，$z3=1$；否则，$z3=0$；$z3$ 的含义为征信查询次数是否超过 4 次。

通过这样的方式，我们可以基于 Falling Rule Lists 输出的规则进行衍生，从而得到新特征，这样可以带来以下两点好处：①Falling Rule Lists 是内在可解释模型，与基于树模型的集成模型(如 GBDT、XGBoost)衍生的特征不同，它输出的规则具有很好的可解释性，基于规则衍生的新特征也具有很好的可解释性，因此基于 Falling Rule Lists 衍生的特征，不仅能像其他特征衍生方法那样提升模型的精度，还可以保证特征拥有很好的可解释性；②基于这种规则衍生的新特征包含了多个原始特征的含义，这相当于是将多个特征组合在一起，可以尝试将衍生的新特征替换原有的特征用于入模，这能起到降维的效果(多个特征变成了 1 个)。在做信用评分模型时，我们可以尝试使用这种方法来做特征衍生，或许能改善模型的表现。

6.7 本章小结

本章主要以“信用评分模型”为例，介绍了可解释机器学习的知识在银行风控场景中的应用。可解释机器学习在信用评分模型场景中的作用在于，它不仅可以在总体层面上解释特征是如何影响目标变量的，还可以在单个样本层面上解释用户信用评分的由来。本章分别使用了逻辑回归、XGBoost 和 GAMI-Net 这三种方法建立了信用评分模型，它们的表现总结如下：从精度上看，XGBoost＞GAMI-Net＞逻辑回归；从可解释性上看，逻辑回归≈GAMI-Net＞ XGBoost。综合考量精度和可解释性的结果后，我们选取 GAMI-Net 作为本章案例中最优的信用评分模型。

此外，本章还对特征衍生的部分进行了一些扩展思考，主要介绍了如何基于 Falling Rule Lists 的方法来衍生新特征。

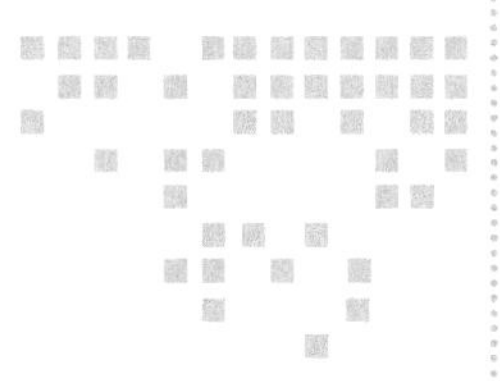

第7章 Chapter 7

银行理财产品推荐建模分析

随着大数据时代的到来，推荐场景正变得越来越重要，能否对推荐结果做出强有力的解释，是决定推荐能否提高用户的可信度，从而提升推荐效果的决定性因素之一，所以本章将介绍可解释机器学习算法在推荐领域的应用。

7.1 场景介绍

近年来，随着互联网逐渐渗透到我们生活中的方方面面，对于“推荐”这个名词，即使你没有留意过，推荐技术也在你的生活中无处不在，无论你是在观看短视频捧腹大笑时，还是在浏览新闻网站关注新闻时，亦或是在电商平台看到自己心仪的产品时，这些都离不开推荐系统在后台默默的支持。本节将简单介绍几种常见的推荐场景，其中包括广义的推荐场景和银行领域中的推荐场景。

7.1.1 推荐系统

下面首先为大家介绍推荐系统，然后梳理推荐系统的发展历程，最后讲解推荐系统中可解释性的重要性。

1. 无处不在的推荐系统

推荐系统是一种向目标用户建议其可能感兴趣的物品的技术，该技术最早应用于电商平台和各种评分网站，后来逐步遍及互联网行业的各个角落。

为什么会需要这种技术呢？我们以电商平台为例，随着互联网的发展，平台用户在面对每日海量增长的销售物品时，如果没有合适的引导，很容易就会陷入无用信息的漩涡，这种情况下，选择的多样性并不能产生经济效益，反而会降低用户的满意度。为了解决这种问题，人们首先想出了用搜索引擎进行定向搜索的方法，通过搜索就可以过滤海量产品，找到自己心仪的物品。然而，搜索引擎存在严重的马太效应，导致不太流行的物品石沉大海；另一方面，当用户没有很强的主观想法时，并不代表他们没有潜在的购买能力。因此推荐系统应运而生，推荐系统不需要用户给出主观的想法，也会向用户推荐一些符合其心意的产品，以帮助用户更快地做出选择，从而提高用户对平台的满意度。

近年来，推荐系统已经被证实是一种能够解决信息过载的重要工具。而且在 20 世纪 90 年代中期，推荐系统成为了一个独立的研究领域。在亚马逊、淘宝、豆瓣等互联网工业场景中，推荐系统已经表现出了优秀的效果。毫不夸张地说，在互联网时代，推荐系统的好坏可以直接决定一款产品的存亡。这里列举一个近些年发生在我们身边的例子，在 2017 年之前，国内的短视频市场几乎完全由快手所掌控，然而到了 2020 年，抖音只用了三年的时间就抢占了快手超过一半的市场份额，甚至全世界都在为 Tiktok(抖音海外版)疯狂。这背后的原因，除了抖音精准营销的成功策略之外，另一个绝对因素就是其背后强大的推荐系统，每一个使用者都可以在短时间内，让系统得知他们的偏好，并在之后不断为他们推荐感兴趣的短视频，最终使用户完全依赖于平台，因此可以说，抖音的成功与其强大的推荐系统密不可分。

2. 推荐系统的发展历程

如今，推荐系统随处可见，那么推荐系统又是怎么来的呢。推荐系统的概念最早出现在 1994 年，美国明尼苏达大学的 grouplens 研究组，第一次将推荐系统作为一个独立的研究领域进行研究，该研究组提出的使用协同过滤进行推荐的思路一直沿用至今。可能你对 grouplens 的名字比较陌生，但如果你从事的是推荐算法研究，那么你一定使用过 movielens 数据集，该数据集就来源于该研究组。

推荐系统真正的蓬勃发展期开始于 2006 年，这一年，Netflix 举办了一场推荐系统大奖赛，任何队伍提交的新算法，在精度上，只要能超越他们公司现有的算法 Cinematch 10%以上，就能获得 7 位数的奖金，因此无数研究团队投身到推荐算法的研究中，短短 2 周就有 169 个提交，一个月后提交量就超过了 1 000 个，从此之后，推荐系统开始成为一个热门领域。

随着推荐系统技术的成熟，其在工业领域的作用也越发明显，除了 Netflix 广泛使用推荐系统进行电影推荐之外，亚马逊发布的数据表明，亚马逊网络书城的推荐算法每年能为亚马逊贡献近 30%的创收。

终于在 2009 年，推荐系统开始进入国内市场，在接下来的十年里，随着我国互联网行业的发展，推荐系统逐渐发展成为互联网行业中的一个重要领域，无论是淘宝、京东这样的电商平台，还是新浪、知乎这样的新媒体平台，亦或是抖音、快手这样的短视频平台，推荐系统的身影无处不在，可以说，我们正处于信息浪潮的中心，而推荐系统则是为我们阻挡洪涛的一道大坝。

3. 推荐系统中的可解释性

随着推荐技术的不断发展，人们已不再满足于只向用户推荐产品，而是开始研究如何为用户提供推荐的理由。

能给出推荐的理由非常重要，一方面来说，推荐任务不同于普通的预测任务，仅仅只是预测正确并不能代表任务的完成，即使是向用户推荐了模型认为其最合适的物品，但是否会发生召回也受时间、地点和推荐方式等多方面因素影响。因此，给出推荐的理由，会增加被推荐用户的可信度，从而提升推荐的效果；另一方面，给出推荐的理由可以让建模人员与业务人员更快速地修正模型并发现业务之间存在的关联，从而反过来修改建模思路和特征选择思路。

现今，模型给出推荐理由的方法，主要分为如下几大类，包括近邻的解释方法、产品和用户本身分析的解释方法，以及引入其他数据源的解释方法。近邻的解释方法是通过给出与你相似的人的购买情况以进行解释，然而这种解释是没有强说服力的，这样的推荐理由往往难以真正提升用户的信任度，因此很难提升推荐的整体质量。产品和用户本身分析的解释方法，一般是对用户或产品进行客户画像后，再根据画像给出为其推荐产品的理由，这种方法往往会忽略用户的一些历史交互信息，导致推荐理由过于片面，难以解释用户的独特偏好。还有一些引入其他数据源的解释方法，比如，引入评论分析或社交信息分析，不过，这些方法往往得到的也不是强相关性解释，并且因为要求引入更多的数据源，导致方法本身可移植性差，实现成本较高。因此，通过某种方法，结合用户产品特质，并考虑到用户与产品的历史交互信息，从而为用户解释推荐产品的准确原因，这一点是十分重要的。

7.1.2 银行中的推荐系统

银行业作为一个特殊领域，其推荐系统包含了一些特性，本节将介绍银行中的一些推荐架构，以及某些具体银行中的推荐业务的相关场景。

1. 推荐系统进入银行业

随着大数据时代的到来，以及银行 4.0 改革的推动，推荐系统的身影也逐渐出现在银行领域。银行领域中推荐系统的发展主要得益于以下两点：一方面是银行用户离柜率越来越高，越来越多的用户选择使用方便快捷的手机端进行相关业务的操作，而不是亲自前往柜面处理，而手机银行和网上银行则为推荐系统的使用和发展提供了一片沃土；另一方面在于金融产品的数量和种类不断增加，理财产品、基金、债券和股票，每个大类中又包含了数不清的产品，用户想要从众多产品中选出心仪的产品变得越发困难，除此之外，随着中收业务的不断扩展，银行逐渐承担起了等同于电商平台的作用，因此推荐的作用变得越来越重要。

传统银行的推荐业务往往是由理财经理专门负责的，但是依赖于理财经理的方式，存在成本高、受众群体覆盖面窄，以及人员业务水平参差不齐等问题。而使用推荐系统则可以解决上述问题，因为推荐系统依附于手机银行 App，所以其成本低廉，且受众群体覆盖面广，几乎所有的银行用户都可以得到相应的推荐；其次，所有用户接受的推荐均来自于同一个推荐算法，如果该算法通过了检验，则可以保证所有用户都能得到一个较好的推荐期望。

现今，银行的推荐系统主要嵌入在手机银行或网上银行中，为用户推荐相应的投资产品，对银行客户进行个性化的广告投放，甚至是通过推荐系统来为银行中收业务提供服务，以此来提升用户的黏性或是提高银行收益。

2. 银行中的推荐架构

介绍完推荐算法在银行领域的重要性之后，下面就来介绍现今银行领域推荐系统的一个传统架构，其在主体上分为召回和排序两个阶段，具体架构如图 7-1 所示。

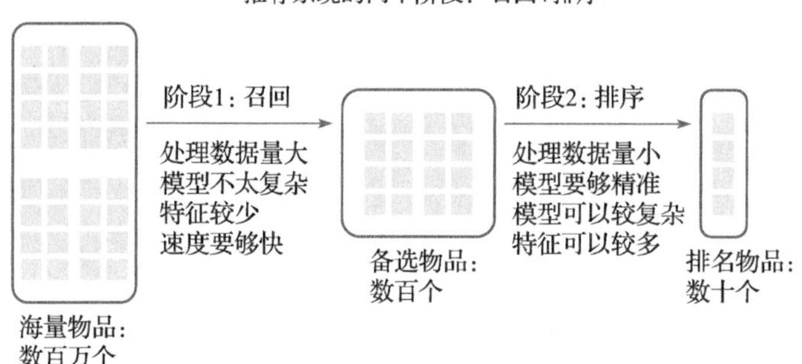

图 7-1 银行中的推荐架构

(1) 召回部分

召回是推荐系统的第一个阶段，可以看作是一次初筛选，该阶段需要根据用户与产品的特征，从海量的物品库中，快速筛选出一小部分用户可能感兴趣的物品。我们可以看到，召回部分的关键点在于海量和快速，因此这一阶段所使用的模型、策略及特征都要尽可能的简单。

现今，银行召回一般使用多路召回策略，该方法与模型融合有异曲同工之妙，都是通过结合多种召回指标的结果来进行筛选，这种方法最大的好处在于，各个方法之间可以并行处理，速度很快。每一路的召回方法都包含了传统的标签召回（即根据热门标签、兴趣标签等直接进行筛选）和嵌入召回（即把标签的单维度扩展到多维度来进行召回），除此之外，还有基于行为信息和兴趣的召回方式等。因为本章重点关注的是算法，而召回方法大多是策略的体现，因此此处不做更多展开。

召回筛选出来的少部分产品将会传递到下一阶段，即排序部分。

（2）排序部分

排序部分的目标是对用户与少数产品的偏好程度进行排序，从而确定最终推荐的优先顺序。我们可以看出，不同于召回阶段，排序的重点是小而精，小是数据量小，精则是对排序顺序的精准度有较高的要求，因此这一阶段要求模型和特征不再受简单快速的限制，精度成为第一考虑要素。

该阶段使用的一些传统算法在3.6.1节中已有过介绍，此处就不做重复说明了。经过排序后，我们还需要对结果作一些简单的后续处理，包括去重、流量控制等，之后就可以得到每个用户的推荐列表了。

3. 银行中的推荐业务场景

（1）投资产品推荐

银行中有很多类投资产品，包括基金、理财产品，以及保险等，每个大类别下，又包含了很多种细分产品，用户往往难以从海量产品中挑选出心仪的产品，甚至有时用户自身也不清楚自己需要什么样的产品，此时就需要借助于投资产品推荐。

传统投资产品推荐包括用户填写问卷和理财产品经理跟进两个步骤。使用推荐系统，首先可以避免填写问卷过程中存在的问卷设置不合理和用户填写不认真等外部原因，其次可以替代理财经理逐个推荐的烦琐过程，一步到位全程自动化推荐，实现高覆盖率和高准确率；再加上使用的是可解释模型，在高解释性的加持下，推荐系统与投资产品推荐能够实现完美结合。

（2）中收业务推荐

银行除了本身的业务之外，还有一个重要的创收领域，即中收业务。中收业务中有一种业务类似于传统的电商平台，以手机银行为中介进行产品售卖，此种场景与传统电商平台场景一致，使用推荐系统可以提高整体的售卖效果，为银行创收。还有部分中收业务类似于广告投放场景，同样也完美契合了推荐系统。

7.2 数据介绍

本节将主要介绍推荐场景中的数据特点，并以一个特定的推荐场景数据——Santander 银行产品推荐数据集——为例做案例分析。

7.2.1 推荐场景数据特点

推荐场景的数据与其他场景的数据有着明显的区别，推荐场景的数据主要包含两个特点：第一，数据具有稀疏性；第二，产品与用户的交互关系蕴含了大量的信息。

关于数据的稀疏性，因为推荐系统中往往包含了成千上万的产品，而与用户有交互关系的产品数量十分有限，所以最终会导致整个数据非常稀疏。像一些推荐系统中比较有名的数据，都有着较高的稀疏度，以 movielens-1m 为例，其数据稀疏度高达 95%。

对于推荐场景，其结果并不是通过单一的用户信息或产品信息而得到的，而是正确的用户碰到了正确的产品，因此产品与用户的交互关系中包含着大量的数据信息。然而，由于其数据的稀疏性特征，传统的机器学习方法在面对这种数据时，往往难以避免维度灾难，或者难以获取到有效信息，因此想办法获取用户和产品的交互信息，是整个推荐算法最重要的目的之一。

7.2.2 Santander 数据集

Santander 数据集来源于开源平台 kaggle，其数据来源于西班牙银行 Santander，其中包括银行的用户信息，以及用户从 2015 年 1 月 28 日到 2016 年 5 月 28 日购买产品的行为信息，该数据的目标是预测在 2016 年的 6 月 28 日，用户将会购买哪些新产品。

Santander 数据集的原始数据变量如表 7-1 所示，对于产品类别来说，共有 24 个产品，具体包括 ind_ahor_fin_ult1（储蓄账户）、ind_aval_fin_ult1（保险）、ind_cco_fin_ult1（活期账户）、ind_cder_fin_ult1（金融衍生品账户）、ind_cno_fin_ult1（代发薪账户）、ind_ctju_fin_ult1（未成年账户）、ind_ctma_fin_ult1（其他特殊账户）、ind_ctop_fin_ult1（特殊账户）、ind_ctpp_fin_ult1（特殊“加”账户）、ind_deco_fin_ult1（短期存款）、ind_deme_fin_ult1（中期存款）、ind_dela_fin_ult1（长期存款）、ind_ecue_fin_ult1（网上账户）、ind_fond_fin_ult1（基金）、ind_hip_fin_ult1（按揭产品）、ind_plan_fin_ult1（养老金）、ind_pres_fin_ult1（贷款）、ind_reca_fin_ult1（税款）、ind_tjcr_fin_ult1（信用卡）、ind_valo_fin_ult1（证券）、ind_viv_fin_ult1（家庭账户）、ind_nomina_ult1（工资单）、ind_nom_pens_ult1（退休金）和 ind_recibo_ult1（自动付款）。

为了消除原数据中其他因素对任务的影响，使数据更贴合推荐的应用场景，我们只截取了于 2016 年 6 月 28 日有购买行为的用户，用于建模和进行预测。最终数据包括 36 710 个用户，24 个产品，经过结构化处理后，数据共有 25 个变量，其中包括 22 个用户特征，以及用户 id、产品 id、是否购买标识(表 7-1 中未展示产品 id 和是否购买标识这两个变量)。

表 7-1 Santander 数据集原始数据变量表

ncodpers	用户编号
ind_empleado	工作情况(A：现雇员；B：前雇员；F：照看父母；N：未工作；P：兼职)
pais_residencia	用户所在国家或地区(119 个地区)
sexo	用户性别(H：男；V：女)
age	年龄
fecha_alta	成为该银行用户的日期
ind_nuevo	是否为新客户(0：否；1：是)
antiguedad	用户资历
indrel	是否为主要客户(1：月末是；99：月初是月末不是)
ult_fec_cli_1t	作为主要用户的最后日期
indrel_1mes	月初用户类型(1：主客；2：共同用户；P：潜客；3：前主客；4：前潜客)
tiprel_1mes	月初用户关系类型(A：活跃；I：非活跃；P：前顾客；R：潜客)
indresi	居住地与银行位置是否一致(S：是；N：否)
indext	出生地与银行位置是否一致(S：是；N：否)
conyuemp	是否为雇员配偶(S：是；N：否)
canal_entrada	用户加入渠道(160 个渠道)
indfall	是否死亡(S：是；N：否)
tipodom	地址类型
cod_prov	用户地址省号
nomprov	用户地址省名
ind_actividad_cliente	是否为活跃客户(1：是；0：否)
renta	家庭总收入
segmento	用户等级(0：会员；02：个人用户；03：大学毕业用户)

7.3　建模分析

本节将介绍数据处理的流程、一些特殊的处理方法，以及最终入模的数据状况。

7.3.1　数据处理

1. 负采样

与大多数推荐问题类似，Santander 数据集也存在负采样的问题。所谓负采样，即定义负样本，我们只能知道确实发生了交互的正样本，而对于未交互的部分，我们无法得知是用户真的不感兴趣，还是用户没有机会与该产品发生交互，同时，由于推荐数据具有稀疏性，因此定义负样本成了一个困难的问题。传统推荐领域解决负采样所使用的主要方法是通过结合物品曝光率来选择负样本，对于不同的物品，其曝光率越高，那么在非交互的情况下，其为负样本的概率也就越高。而对于这里的数据，因为不存在曝光率的概念，所以我们使用 pu-learning(positive and unlabeled learning)方法来解决这个问题。首先，通过 softimpute 方法填充缺失的数据，以此得到所有数值的概率分布。再通过后处理的方式，设定合适的阈值，以确定可靠的负样本。之后，为了创造出包含缺失数据的推荐场景，将概率分布居中的样本丢弃掉，最终即可获得稀疏的数据场景。

2. 传统数据处理

与传统数据处理过程类似，推荐数据的处理过程也包括去除高缺失特征，填充缺失值，去除异常值，对连续变量进行归一化处理，对离散变量合并小类后进行独热(one-hot)编码，对于含 id 的变量先生成交互矩阵后再进行处理。

之后进行特征筛选，去除无信息量或冗余的特征，最终数据包含 21 个特征，其中用户相关的特征共计 18 个，其他特征包括用户 id、产品 id，以及“是否购买标识”。

7.3.2 模型构建

本节将使用 GAMMLI 进行建模，GAMMLI 是一种专门用于推荐场景的可解释机器学习模型，该方法的原理在 3.6 节中详细介绍过。模型构建包括元数据构建、数据生成和模型训练三部分。

1. 元数据构建

为了方便模型后续对数据的使用和处理，在构建模型之前，我们首先需要构建元数据，元数据中除了要包括每个变量的所属类型(连续变量、离散变量、id 变量，还是目标变量)之外，还要包括每个变量的来源情况(用户特征还是产品特征)，以及建模任务类型(分类还是回归)。元数据构建代码如下：

```
Meta_info:
data=pd.read_csv('data/santander/Santander.csv')
task_type="Classification"
list1=data.columns
meta_info=OrderedDict()
for i in list1:
    meta_info[i]={'type': 'categorical','source':'user'}
    meta_info['income']={"type":"continues",'source':'user'}
    meta_info['cust_seniority']={"type":"continues",'source':'
        user'}

    meta_info['age']={"type":"continues",'source':'user'}
    meta_info['item']={'type': 'categorical','source':'item'}
    meta_info['user_id']={"type":"id",'source':'user'}
    meta_info['item_id']={"type":"id",'source':'item'}
    meta_info['target']={"type":"target",'source':''}
```

2. 数据生成

在生成元数据后，数据便可以自动化地进行数据分割，以及数据预处理操作，比如，对连续变量进行归一化，对离散变量进行独热编码，对 id 变量进行序数编码，对目标变量则根据不同的任务类型进行不同的处理，最终得到处理分割后的数据集（训练数据、验证数据和测试数据），以及相关的数据信息（用户数、物品数等）。数据生成代码如下：

```
Data_initialize:
train , test=train_test_split(data,test_size=0.2 ,random_
    state=0)
tr_x, tr_Xi, tr_y, tr_idx, te_x, te_Xi, te_y, val_x, val_Xi, val_y,
    val_idx, meta_info, model_info ,sy,sy_t=
data_initialize(train,test,meta_info,task_type ,'warm', 0, True)
```

3. 模型训练

数据就绪以后，就可以开始训练模型了，对于模型超参数的选取，下面将有详细介绍，这里只演示构建模型的流程，代码如下：

```
Model_training:
model=GAMMLI(wc='warm',model_info=model_info, meta_info=meta_
    info, subnet_arch=[8, 16],interact_arch=[20, 10],activation_
    func=tf.tanh, batch_size=1000, lr_bp=0.01,
interaction_epochs=20,main_effect_epochs=30,tuning_epochs=10,
    loss_threshold_main=0.01,loss_threshold_inter=0.01,combine_
    range=0.82,interact_num=10,u_group_num=50,i_group_num=10,
    scale_ratio=0.9,
mf_training_iters=50,change_mode=True,convergence_threshold=
    0.001,max_rank=5)
model.fit(tr_x, val_x, tr_y, val_y, tr_Xi, val_Xi, tr_idx, val_idx)
```

4. 超参选择

由于 GAMMLI 的模型结构较为复杂，所以模型内部有大量的超参需要调整，为了方便读者更好地使用该模型，笔者将超参分为三大类，本节就来介绍这三类超参。

(1) 训练过程用到的相关参数

这类参数主要用于控制训练的整体过程，一般在每次训练中都需要进行调整，以保证模型得以收敛。

这类参数主要包括主效应训练轮次(main_effect_epochs)、显式交互训练轮次(interaction_epochs)、隐式交互训练轮次(mf_training_iters)、训练分块大小(batch_size)、学习率(lr_bp)、激活函数(activation_func)和潜在变量空间最大维度(max_rank)。

(2) 不太需要调整的参数

此类参数一般使用默认值即可，一般情况下对模型的影响不会太大。

这类参数主要包括子网络结构(subnet_arch)、交互网络结构(interact_arch)、显式交互数目(interact_num)，以及初始用户和产品分组数目(u_group_num，i_group_num)，只要保证取一个较大的值即可。矩阵真实值是否替换(change_mode)，为了监督训练一般选择“是”。对于各种阈值型参数，设置一个接近 0.01 的较小值即可，例如，主效应保留阈值(loss_threshold_main)、交互项效应保留阈值(loss_threshold_inter)、潜在变量收敛阈值(convergence_threshold)等。

(3) 需要超参调优的参数

这类参数对模型结果的影响较大，且难以直接得到最优参数，因此往往需要通过自动化超参调优来解决。

这类参数主要包括组内约束强度(scale_ratio)和组间约束强度(combine_range)，模型内部提供了超参调优的函数，只要在参数中设置 auto_tune=True，模型就会通过序贯调参，快速得到适合该数据的最优超参。

5. 结果展示

模型训练结束后，就可以得到预测结果，以及各种可解释性输出，这里只介绍展示输出的方法，具体的输出结果中关于可解释性部分的解释我们将会在 7.3.3 节中详细介绍。

生成模型预测结果的代码如下所示，其中，te_x 和 te_Xi 分别对应于数据生成环节得到的测试主效应数据与测试 id 数据。

```
#模型预测结果。
pred=model.predict(te_x, te_Xi)
```

生成模型训练过程图的代码如下所示，其中，simu_dir 是结果存储目录，save_png 和 save_eps 分别代表存储图片的两种标识。

```
#模型训练过程图。
simu_dir='result'
data_dict_logs=model.final_gam_model.summary_logs(save_dict=
    False)
data_dict_logs.update({"err_train_mf":model.final_mf_model.mf_mae,
                       "err_val_mf":model.final_mf_model.mf_valmae})
plot_trajectory(data_dict_logs, folder=simu_dir, name="s1_traj_
    plot", log_scale=True, save_png=False, save_eps=False)
plot_regularization(data_dict_logs, folder=simu_dir, name="s1_
    regu_plot", log_scale=True, save_png=False, save_eps=False)
```

生成模型重要性图的代码如下所示，除了上面提到的参数之外，threshold 可用于控制小于阈值的变量特征不进入画面，以保证图片的简洁性。

```
#模型重要性图。
data_dict=model.final_gam_model.global_explain(0,save_dict=
    False,threshold=0.03)
feature_importance_visualize(data_dict, save_png=True, folder=
    simu_dir, name='s1_feature')
```

全局解释图、局部解释图和潜在关系解释图这三个解释图的生成代码如下所示，其中，关于模型样本的解释，我们选择了第 55 个位置的样本；关系显示阈值设为 0.6，该值表示在用户与产品潜在相似度图中，只显示相似度大于 0.6 的关系值；500 表示的是用户产品潜在偏好关联图片中的显示强度，该值越大，图片中线的深度越大，显示的关系就越复杂。

```
importance=model.get_all_rank(tr_Xi)
model.dash_board(data_dict, importance,simu_dir,True)
data_dict_local=model.local_explain(0,55,tr_x,tr_Xi,tr_y)
    #对第 55 个位置的样本进行解释。
local_visualize(data_dict_local, save_eps=True, folder=simu_
    dir, name='s1_local',task_type="Regression")
model.relation_plot(0.6,500,False)#阈值参数与显示强度。
```

7.3.3 模型结果评估

不同于传统模型评估，除了精度之外，我们同样也希望模型具有可解释性，因此我们的评估标准主要分为精度评估和可解释性评估两种。

1. 精度评估

由于本场景的示例任务是一个分类问题，因此我们选择的评估标准是 AUC(Area Under Curve)和 Logloss，除此之外，为了保证评估模型的稳定性，我们还引入了它们各自的标准差。为了对比模型的精度，以及传统模型类别的优劣，我们选择了 4 个不同类别的传统模型进行对比，分别是经典的协同过滤方法 SVD 分解、热门的机器学习模型 XGBoost、经典的混合模型 FM，以及当今大热的结合了深度学习的 DeepFM。四个对比模型都经过了细致的调优和建模，以保证模型评估的公平性。所有结果都是十次分割数据建模的平均结果，以保证结果的稳定性。

四种模型的最终精度比较结果如表 7-2 所示，从中我们可以看到，GAMMLI 相较于传统模型，在精度上有一个较大的提升。

表 7-2　精度评估表

模型名称	AUC	Logloss	Std_AUC	Std_Logloss
GAMMLI	0.997 209 7	0.033 781 8	0.000 870 3	0.003 273 6
SVD	0.986 788 0	0.085 132 8	0	0
XGBoost	0.994 775 2	0.050 714 8	0.000 278 8	0.001 094 8
FM	0.989 908 0	0.103 094 0	0.002 008 6	0.006 645 2
DeepFM	0.990 090 1	0.102 573 3	0.001 563 4	0.005 210 8

2. 可解释性评估

下面再与传统模型进行可解释性的比较，以证明 GAMMLI 模型的优越性。

从表 7-3 中我们可以看出，GAMMLI 除了精度之外，其可解释性也是远超其他传统模型的，其中主要包括显性解释和隐性解释两部分。显性解释主要是从已有的变量层面出发，构建用户特征、产品特征与响应变量之间的关系，比如，年龄与是否会购买之间的关系，或者年龄与性别的交互关系与是否会购买之间的关系。隐性解释则是对特征层面无法包含的信息进行解释，通过构建隐性变量群体关系来说明偏好与是否购买之间的关系。

表 7-3　可解释性评估表

模型名称	可解释性
GAMMLI	显性解释＋隐性解释
SVD	特征值说明分解特征重要性
XGBoost	原特征重要性
FM	嵌入后特征无法解释
DeepFM	除了嵌入之外，还加入了深度学习，更难以解释

图 7-2 和图 7-3 所示的是全局可解释性图，分别显示了主效应、显式交互项效应和潜在交互项效应。主效应和显式交互

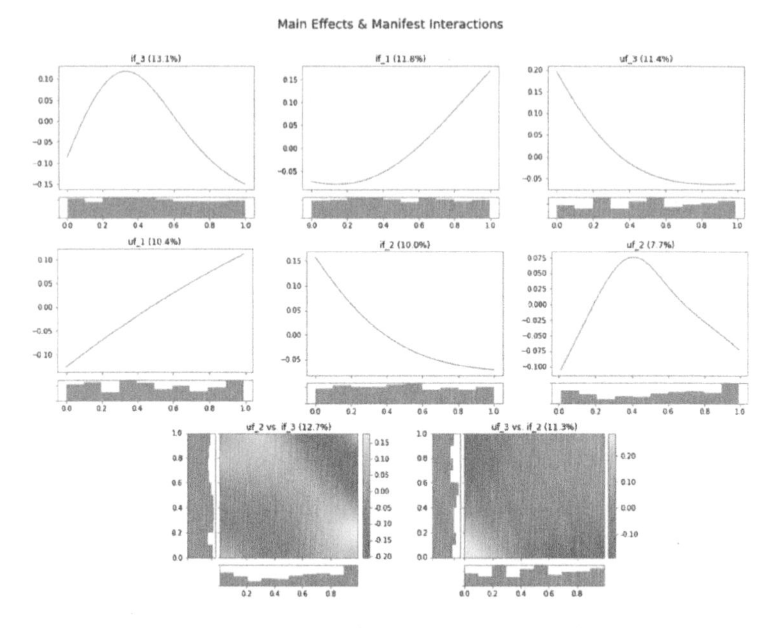

图 7-2 显式效应全局可解释图(见彩插)

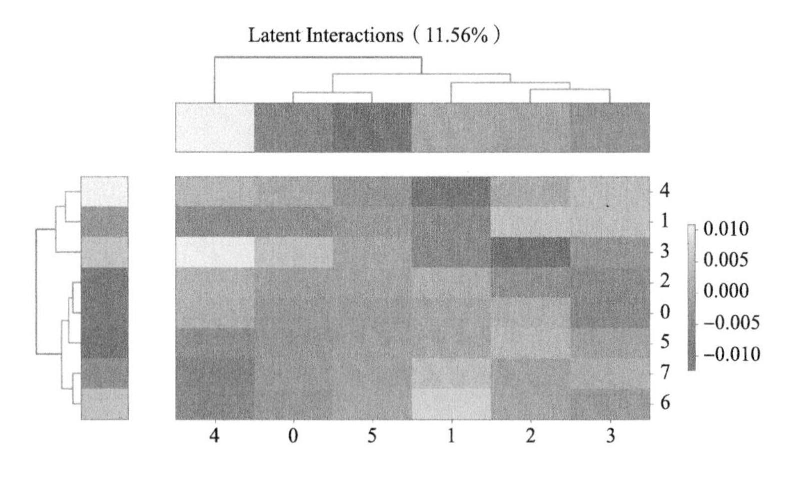

图 7-3 潜在效应全局可解释图(见彩插)

项效应解释可以得到每一个特征或特征组合与响应变量之间的映射关系，以及其在模型中的重要性。对于潜在交互项效应，我们同样可以知道其在模型中的重要性，除此之外，我们还可以得知每个用户组和产品组之间的交互情况，其中包括同类关系(树形图)，以及不同类关系(热力图)。

图 7-4 所示的是每个样本的局部可解释图，对于任何一条推荐，我们都可以得知其推荐原因，具体来说，我们可以得知显式特征和潜在特征分别对响应变量产生了怎样的影响。

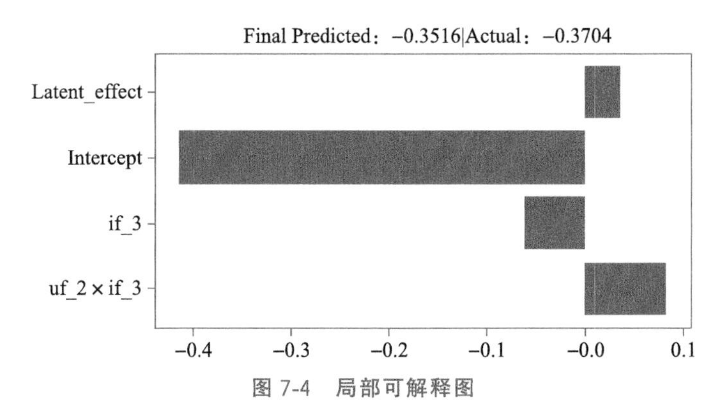

图 7-4　局部可解释图

图 7-5 所示的是潜在分群特征的关系图，分别包括用户群

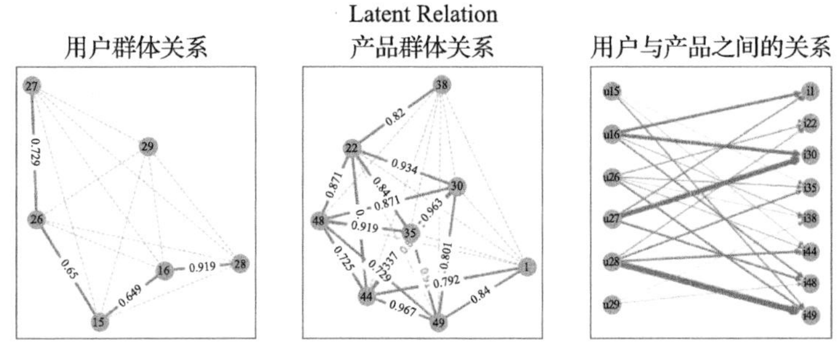

图 7-5　潜在分群特征关系图

体关系、产品群体关系，以及用户与产品之间的关系图。其中，用户群体关系和产品群体关系表现出的是各个潜在群体之间的相似度，连线上展示了所有相似度大于 0.6 的相似度值。而用户与产品之间的关系图则表现了每个用户群体对产品群体的偏好情况，连线越粗，表示其偏好越强。

7.4 案例分析

7.3 节大体介绍了 GAMMLI 的可解释能力，本节将以金融推荐场景为背景来说明 GAMMLI 的作用。经过前文的数据处理和建模后，我们可以得到关于 Santander 数据的可解释性结果。

图 7-6 展示了模型的主效应和显式交互项效应结果，图 7-6a 表现了物品本身对购买行为的影响，它对模型的影响度高达 36.4%。在 6 月，对于活期账户、电子账户、工资、抚恤金、税务、自动付款、信用卡这些产品，用户会有较高的购买概率，而对于金融衍生品、初级账户、中期存款、按揭、养老金、贷款、家庭账户，则对是否购买会有一个较强的负向影响结果。第二个特征是月初用户关系，它对模型的影响度为 6.2%，由图 7-6b 可知，如果月初为主要客户，则大概率不会发生购买行为，而如果月初为前主要客户，则会有较强的正向影响。之后是年龄，它对模型的影响度为 6.1%，由图 7-6c 可知，20 岁左右及以下的低龄用户大概率不会有购买行为。最后是加入渠道，它对模型的影响度为 3.3%，由图 7-6d 可知，对于一些通过特定渠道加入的客户，他们会有更强的购买意愿，或者更不愿意购买。

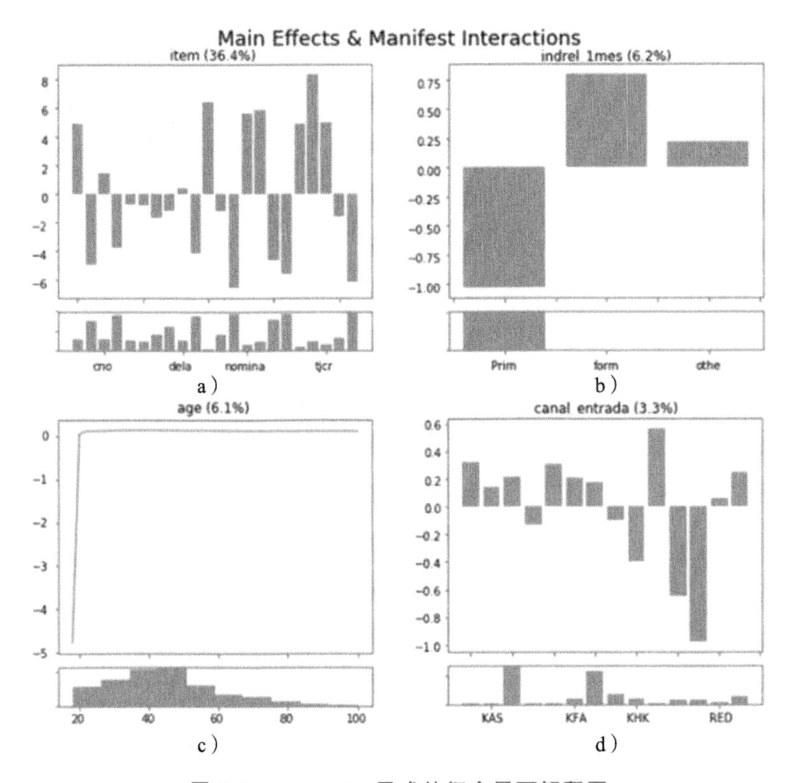

图 7-6　Santander 显式特征全局可解释图

图 7-7 则表现了潜在效应对模型的全局影响情况，从中我们可以看到，潜在效应对模型的影响度为 43.47%，由此可知该数据的显性特征部分，信息量极不充分，其中，用户分为 5 组，而产品分为 3 组，受偏好影响最大的群组是 2 号产品组与 3 号用户组，它们之间的交互呈现出了强烈的厌恶，也就是说，3 号用户组中的用户大概率不会购买 2 号产品组内的产品。

图 7-8 所示的是原始组编号下的潜在关系图，从中我们可以得知，用户分为 5 组(图 7-8a)，其中群组 47 与群组 49 的偏

好相似度为 0.845，而群组 1 与群组 43 的偏好相似度则高达 0.763；对于产品来说，产品分为 3 组(图 7-8b)，它们的相似度都小于 0.6，可见分群效果较好；对于用户与产品的交互关系来说(图 7-8c)，用户群组 47 与产品群组 4 有较强的偏好，经过组编号统一后，可以证实，该结果与图 7-7 中每个潜在特征得到的综合结果一致。

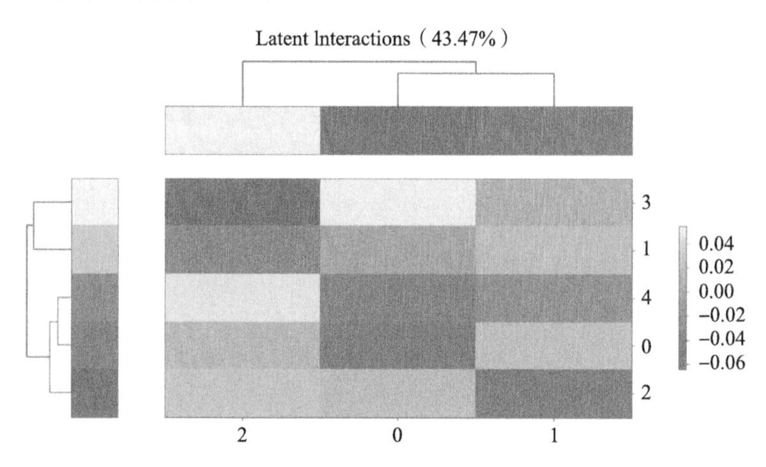

图 7-7 Santander 潜在特征全局可解释图(见彩插)

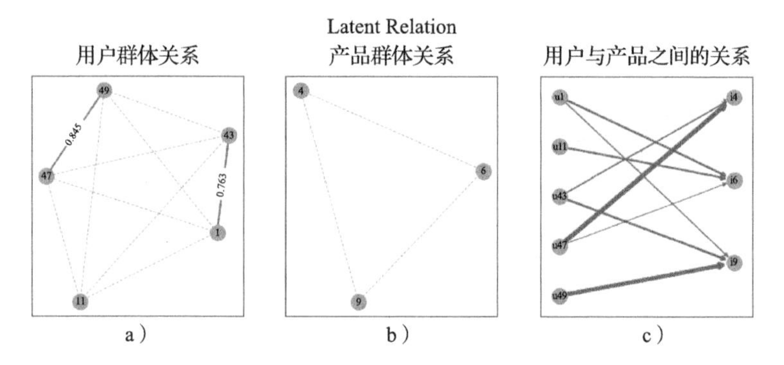

图 7-8 Santander 潜在分群特征关系图

综上所述，GAMMLI模型在完成预测任务的同时，还可以帮助我们找到数据背后的逻辑关系，从而更好地理解数据。银行业务人员可以得知每个显式特征对结果的影响，以及用户与产品之间隐藏的集群偏好关系，从而更好地指导业务的发展。除此之外，对于每个用户，GAMMLI都可以给出相应的推荐原因，也就是说，对于任何一个用户，我们都可以通过其局部解释图，告知为其推荐某个产品的原因。

此外，3.6节中曾经提到过，GAMMLI模型可以很好地解决冷启动问题，对于银行推荐场景也是如此，当银行加入新客户后，我们不再需要为了一两个用户而重新构造模型，而是可以根据用户的显式信息快速定位其所属的偏好群体，从而快速对其产生合理、准确的推荐结果。

7.5 本章小结

本章主要介绍了可解释机器学习算法在推荐场景中的应用，由于推荐场景的特殊性，我们重点介绍了可解释推荐算法GAMMLI在金融场景中的应用，其中包括数据处理、建模过程及结果分析。GAMMLI解决了传统推荐场景中模型不可解释或解释不够直接的问题，对每一条推荐条目都能给出相应的推荐理由，从提升了用户体验的角度，提升了模型整体的推荐效果。